Compact & Complete

1冊合格!

改訂2版

測量士補試験

アガルートアカデミー
測量士・土地家屋調査士試験 講師
中山祐介
Yusuke Nakayamc

日本能率協会マネジメントセンター

本書の内容に関するお問い合わせについて

平素は日本能率協会マネジメントセンターの書籍をご利用いただき、ありがとうございます。
弊社では、皆様からのお問い合わせへ適切に対応させていただくため、以下①～④のようにご案内しております。

①お問い合わせ前のご案内について

現在刊行している書籍において、すでに判明している追加・訂正情報を、弊社の下記 Web サイトでご案内しておりますのでご確認ください。

https://www.jmam.co.jp/pub/additional/

②ご質問いただく方法について

①をご覧いただきましても解決しなかった場合には、お手数ですが弊社 Web サイトの「お問い合わせフォーム」をご利用ください。ご利用の際はメールアドレスが必要となります。

https://www.jmam.co.jp/inquiry/form.php

なお、インターネットをご利用ではない場合は、郵便にて下記の宛先までお問い合わせください。電話、FAX でのご質問はお受けしておりません。
〈住所〉　〒103-6009　東京都中央区日本橋 2-7-1　東京日本橋タワー 9F
〈宛先〉　㈱日本能率協会マネジメントセンター　出版事業本部　出版部

③回答について

回答は、ご質問いただいた方法によってご返事申し上げます。ご質問の内容によっては弊社での検証や、さらに外部へお問い合わせすることがございますので、その場合にはお時間をいただきます。

④ご質問の内容について

おそれいりますが、本書の内容に無関係あるいは内容を超えた事柄、お尋ねの際に記述箇所を特定されないもの、読者固有の環境に起因する問題などのご質問にはお答えできません。資格・検定そのものや試験制度等に関する情報は、各運営団体へお問い合わせください。
また、著者・出版社のいずれも、本書のご利用に対して何らかの保証をするものではなく、本書をお使いの結果について責任を負いかねます。予めご了承ください。

はじめに

新しい道路の建設や防災のための河川改修など、国土のインフラの整備や管理をおこなうための公共事業は、私たちの身の回りのあらゆる場所でおこなわれています。こうした公共事業の計画や設計の多くは、測量から始まります。

測量には高い公共性が求められるため、測量をすることができるのは、「測量士」と「測量士補」に法律で限定されています。つまり、「測量士補」は人々の生活のために重要な役割を担っているわけです。

本書は、国家資格である測量士補試験に対し、「最も効率よく合格する」を追求した学習書です。

文章問題では、左ページで重要テーマの必須知識をまとめ、赤文字のキーワードを付属の赤シートで隠しながら短時間で学べます。そして次の右ページには、測量士補試験の問題から厳選して編集した小問を掲載し、覚えたばかりのテーマについて、すぐに演習を行えます。これにより、見開きで同じテーマのインプットとアウトプットを、一度に学習することが可能です。

また、近年の出題パターンをすべて収録した計算問題では、図解を多用して、理解しやすい解説となるように努めました。

本書を活用された皆様が、測量士補試験に合格されますことを心より祈念いたします。

2023 年 12 月

アガルートアカデミー
測量士・測量士補・土地家屋調査士試験 講師
中山 祐介

CONTENTS

第3章 GNSS測量

第4章 水準測量

第5章 地形測量

第6章 写真測量

第7章 三次元点群測量

第8章 地図編集

第9章 応用測量

1 ▸ 測量士補試験の概要

1　受験者数と合格率

測量士補試験の受験者数は、1万人前後で推移していましたが、ここ数年は増加傾向にあります。28問中18問以上正解すれば合格という絶対評価ですので、問題の難易度や受験生の質によって合格率が変動し、20～40%台と幅があります。

2　試験日と受験資格

測量士補試験は、年1回（例年5月中～下旬の日曜日）実施されます。詳しい実施日等については、毎年12月初旬に、国土地理院のホームページ（http://www.gsi.go.jp/）などで公開されます。

受験のための願書は、毎年1月上旬から約1ヶ月間、国土地理院から郵送により請求することができ、各都道府県の土木関係部局の主務課では直接交付を受けることもできます。詳しくは国土地理院のホームページをご確認ください。

受験資格はなく、年齢、性別、学歴、実務経験等に関係なく、誰でも受験することができます。

3　試験内容

試験時間は、午後1時30分から午後4時30分までの3時間で、計算問題も含めて5肢択一式の問題が全部で28問出題されます。

2 ▶ 測量士補の魅力

1　測量技術の国家資格である測量士補

国土地理院がおこなう「基本測量」や、国や地方自治体が主体となる「公共測量」では、高い公共性と、高い精度が求められます。そのため、それら測量に従事するためには国家資格である測量士または測量士補でなければなりません。

測量士補試験に合格し、登録を受けることで、測量士補となることができます。公共事業における測量のプロフェッショナルとして活躍することができます。

2　土地家屋調査士試験の登竜門

測量士補試験に合格することで、不動産の表示に関する登記の国家資格である土地家屋調査士試験の「午前の部」の試験の免除を受けることができます。

土地家屋調査士試験は難関資格のため、受験者・合格者のほとんどが「午前の部」の試験の免除を受けています。

土地家屋調査士がおこなう表示に関する登記は、独占業務で、弁護士でもすることができません。また、原則として、表示に関する登記には申請義務があります。そのため、非常に独立しやすい魅力的な資格です。

測量士補を取得したら、ぜひ、土地家屋調査士にチャレンジしてみてください。

3 ▸ 過去問を繰り返すことが合格への近道

1　測量士補試験の出題の特徴

測量士補試験は、他資格と比較すると、過去問が繰り返し出題されることが多くあります。

年度によりばらつきはありますが、28問の出題のうち、実に20問近くは過去に出題された問題となっています。また、残りの5問近くも、過去問を応用することで答えが導ける問題です。18問以上正解すれば合格ですから、過去問とその類題を繰り返し学習することが、もっとも効率のよい学習方法です。

2　テキストの重要性

測量士補試験の問題文の中には、測量の専門用語が多く出てきます。用語の正確な理解をし、それぞれの用語を関連付けるためには、テキスト学習が不可欠です。テキストで学習した直後に関連する過去問を解くことで、効率よく学習を進めることができます。

3　選び抜かれた過去問と予想問題

同じ過去問を間引き、繰り返し出題されている過去問について、厳選しました。本書に記載されたことをしっかり学習すれば、確実に合格点以上の得点をすることができます。

また、測量法等の改正で試験範囲となったものの過去問がないテーマについては、従来の出題分析から想定される設問を予想して作成しました。あわせて活用してください。

4 ▸ 数学が苦手でも大丈夫

1　計算問題の出題数

測量士補試験は、測量の性質上、数学を使った計算問題がよく出題されます。苦手意識をお持ちの方も多い数学ですが、ご心配いりません。

なぜなら、測量士補試験で出題される計算問題にはパターンがあり、覚えるべき公式も実は多くありません。

また、計算問題の出題数は、年度によりばらつきはありますが、28 問の出題のうち、約 10 問です。計算問題をすべて捨ててしまうと合格は難しくなりますが、本書に記載された頻出の計算問題のパターンを押さえれば、合格に必要な得点をすることができます。

計算問題の中には、出題頻度が少ないのに難しい問題も多くあります。手を広げず、頻出の計算問題をしっかりと押さえるのが、合格への近道です。

2　計算問題はパターンで覚える

頻出の計算問題は、全部で 25 パターンです。これらすべてが本書には記載されています。

3　筆算に慣れよう

測量士補試験では、桁数の多い数字を計算することがありますが、試験で電卓を使用することができません。そのため、日頃の学習から筆算に慣れておく必要があります。

5 ▶ 覚えるべき数学の公式

1　三角関数

三角関数とは、直角三角形に使える便利な関数です。分かっている角度を左下に置き、直角部分を右下に置いた場合、各辺の比例は以下の図のとおりになります。

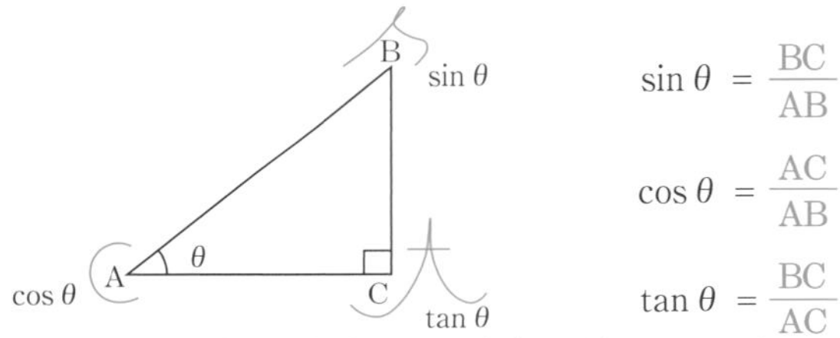

$$\sin\theta = \frac{BC}{AB}$$

$$\cos\theta = \frac{AC}{AB}$$

$$\tan\theta = \frac{BC}{AC}$$

なお、三角関数の値は巻末の関数表を使用します。

2　正弦定理

三角形の特性として、ある内角の sin と、向かい合う辺の比率はどれも等しくなります。これは直角三角形に限りません。

$$\frac{\sin c}{AB} = \frac{\sin a}{BC} = \frac{\sin b}{AC}$$

3　ピタゴラスの定理

直角三角形は、２つの短辺の２乗の合計が、長辺の２乗に等しくなります。

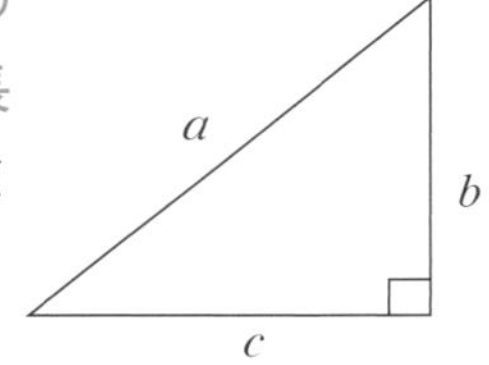

$$a = \sqrt{b^2 + c^2}$$

6 ▸ 試験科目の全体像

測量とは、簡単にいうと「地図を作成すること」です。

測量は、三角点などの測量するための基準となる基準点を設置するための「基準点測量」と、その基準点を使用して地図を作成するのに必要な細部を測量する「地形測量」、測量の技術を道路や河川における公共事業に応用した「応用測量」の３つに大きく分けることができます。

全部で９テーマとなっており、本書の各章に対応しています。

まず、公共性の高い測量に関するルールを定めたのが①測量に関する法規です。

ルールにしたがって基準点を設置しますが、トータルステーションという機械を使うのが②多角測量で、GPSなどの人工衛星を使うのが③ GNSS 測量です。④水準測量は高さを精密に観測する測量です。

以上で設置された基準点を用いて細部を測量しますが、現地でする測量が⑤地形測量で、カメラを搭載した航空機を用いて上空から地形の写真を撮影し、広範囲にする測量が⑥写真測量です。また、レーザスキャナから地表面を測量する⑦三次元点群測量があります。

測量の成果を最終的に地図にするための手法とルールが⑧地図編集で、本来地図を作成するための測量を公共事業に応用したものが⑨応用測量となっています。

本書の効果的な活用法

本書は手軽に読める文章問題パートと、試験の全出題パターンを網羅した計算問題パートがあります。それぞれをうまく活用し、合格に向かって効率よく学習しましょう。

●文章問題パート

左ページは読み物のテキストとして、右ページは一問一答の問題集として学べます。

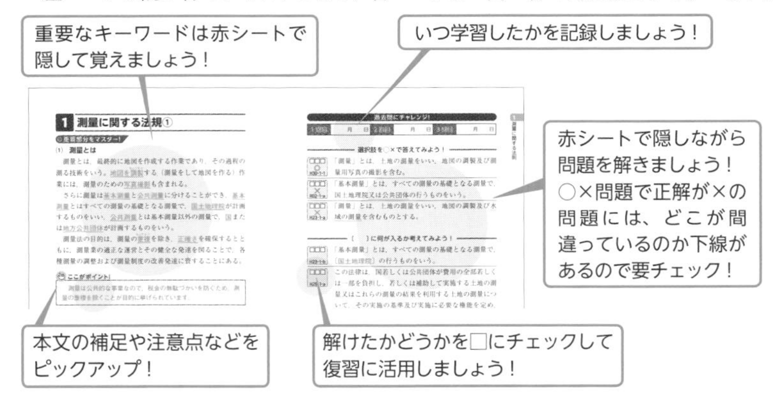

●計算問題パート

各章の後半で、そのテーマで出題される計算が必要な問題について要点を説明し、その上で演習問題にチャレンジできます。

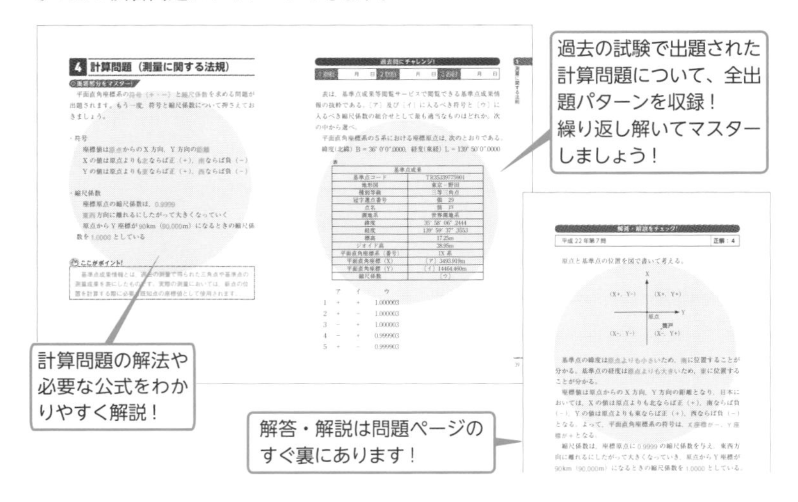

第1章

測量に関する法規

測量に関する法規には、測量法や測量法施行令、測量法施行規則などが挙げられますが、測量士補試験では出題される条文が偏(かたよ)っています。また、条文の中でも、特に出題されやすい文言があるため、出題傾向を踏まえた対策が重要です。

1 測量に関する法規①

重要部分をマスター！

(1) 測量とは

測量とは、最終的に地図を作成する作業であり、その過程の測る技術をいう。地図を調製（ちょうせい）する（測量をして地図を作る）作業には、測量のための写真撮影も含まれる。

さらに測量は「基本測量」と「公共測量」、「基本測量及び公共測量以外の測量」に分けることができる。基本測量とはすべての測量の基礎となる測量で、国土地理院が計画するものをいい、公共測量とは基本測量以外の測量で、国または地方公共団体が計画するものをいう。「基本測量及び公共測量以外の測量」とは、基本測量または公共測量の測量成果を使用して実施する基本測量及び公共測量以外の測量である。

測量法の目的は、測量の重複（ちょうふく）を除き、正確さを確保するとともに、測量業の適正な運営とその健全な発達を図ることで、各種測量の調整および測量制度の改善発達に資（し）することにある。

ここがポイント！

測量は公共的な事業なので、税金の無駄づかいを防ぐため、測量の重複を除くことが目的に挙げられています。

過去問にチャレンジ!

1回目	月 日	2回目	月 日	3回目	月 日

選択肢を○×で答えてみよう！

□□□ ○ H30-1-1
「測量」とは、土地の測量をいい、地図の調製及び測量用写真の撮影を含む。

□□□ × R02-1-a
「基本測量」とは、すべての測量の基礎となる測量で、国土地理院又は公共団体の行うものをいう。

□□□ × H23-1-a
「測量」とは、土地の測量をいい、地図の調製及び水域の測量を含むものとする。

□□□ × R03-1-b
「基本測量及び公共測量以外の測量」とは、基本測量及び公共測量を除くすべての測量をいう。

〔　〕に何が入るか考えてみよう！

□□□ H23-1-b
「基本測量」とは、すべての測量の基礎となる測量で、〔国土地理院〕の行うものをいう。

□□□ H25-1-a
この法律は、国若しくは公共団体が費用の全部若しくは一部を負担し、若しくは補助して実施する土地の測量又はこれらの測量の結果を利用する土地の測量について、その実施の基準及び実施に必要な権能を定め、測量の〔重複〕を除き、並びに測量の〔正確さ〕を確保するとともに、測量業を営む者の登録の実施、業務の規制等により、測量業の適正な運営とその健全な発達を図り、もって各種測量の調整及び測量制度の改善発達に資することを目的とする。

1 測量に関する法規②

⑵ 測量士・測量士補

測量は公共性が高いため、測量作業をすることができるのは測量士と測量士補に限られている。資格を有するだけでなく、名簿への登録が必要となる。また、測量の作業計画を作製できるのは測量士であり、測量士補はあくまでも測量士の作製した計画に従い測量に従事することになる。

⑶ 測量に関する機関

どのような測量をおこなうのか計画する測量計画機関になるのは国や地方公共団体であり、測量計画機関の指示または委託（いたく）を受けて実際に測量作業を実施する測量作業機関になるのが測量士である。

⑷ 測量標

基本測量によって基準点をはじめとする測量標が設置されると、その情報が公開され、以後の測量で使用することができるようになる。適切な運用のため、移転や使用するときには国土地理院の長の承認が必要となる。測量標を汚損する可能性がある行為をしようとする者は、理由を記載した書面を提出することで、国土地理院の長に測量標の移転を請求することができる。この移転に要した費用は、移転を請求した者が負担しなければならない。

また、測量標だけでなく、基本測量の測量成果も国土地理院の長の承認を得れば、基本測量以外の測量で使用することができる。なお、測量計画機関が、測量標を設置した機関である場合は、測量標の使用承認を省略することができる。

過去問にチャレンジ！

1回目	月　日	2回目	月　日	3回目	月　日

選択肢を○×で答えてみよう！

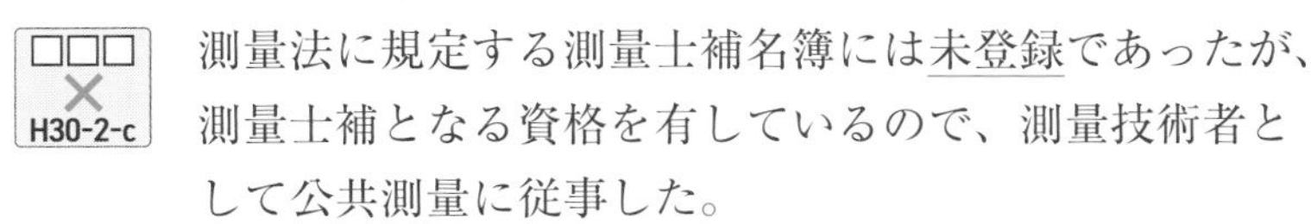
□□□ ×　H30-2-c
測量法に規定する測量士補名簿には未登録であったが、測量士補となる資格を有しているので、測量技術者として公共測量に従事した。

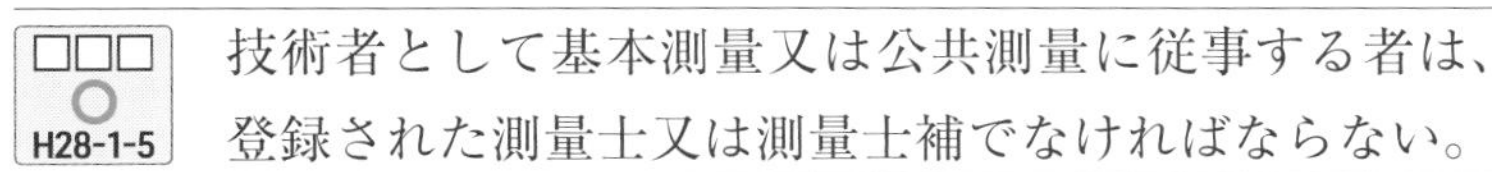
□□□ ○　H28-1-5
技術者として基本測量又は公共測量に従事する者は、登録された測量士又は測量士補でなければならない。

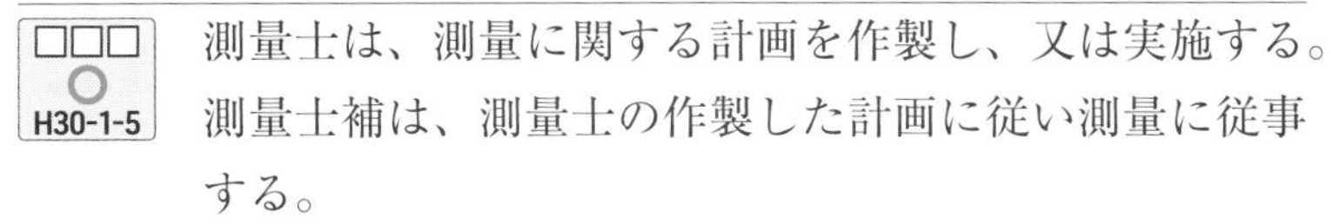
□□□ ○　H30-1-5
測量士は、測量に関する計画を作製し、又は実施する。測量士補は、測量士の作製した計画に従い測量に従事する。

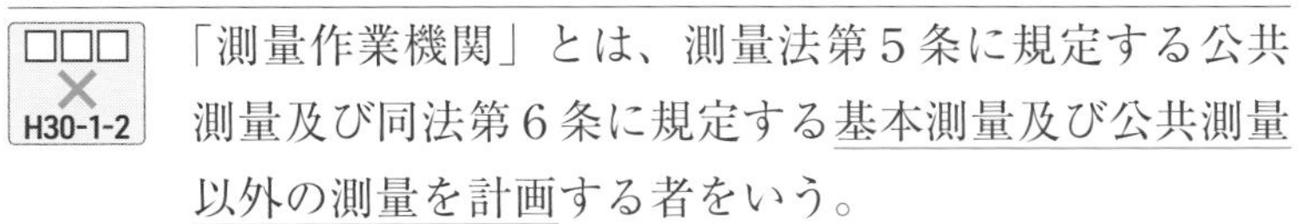
□□□ ×　H30-1-2
「測量作業機関」とは、測量法第５条に規定する公共測量及び同法第６条に規定する基本測量及び公共測量以外の測量を計画する者をいう。

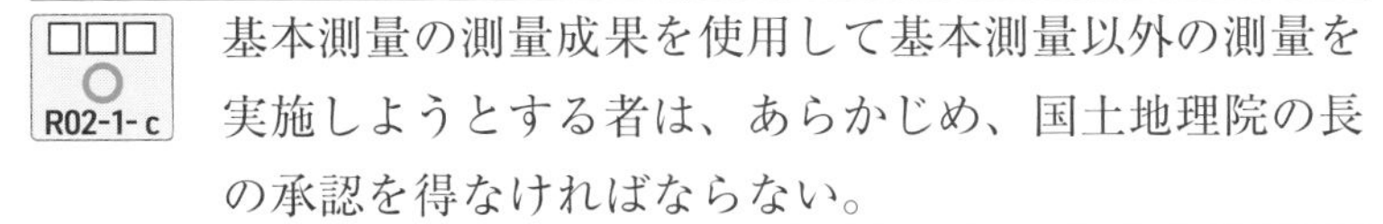
□□□ ○　R02-1- c
基本測量の測量成果を使用して基本測量以外の測量を実施しようとする者は、あらかじめ、国土地理院の長の承認を得なければならない。

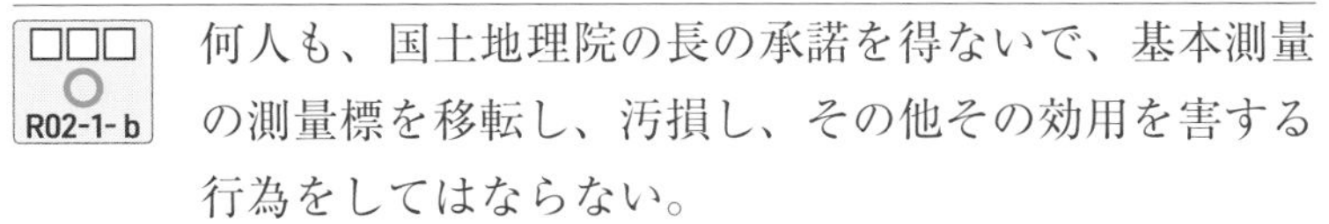
□□□ ○　R02-1- b
何人も、国土地理院の長の承諾を得ないで、基本測量の測量標を移転し、汚損し、その他その効用を害する行為をしてはならない。

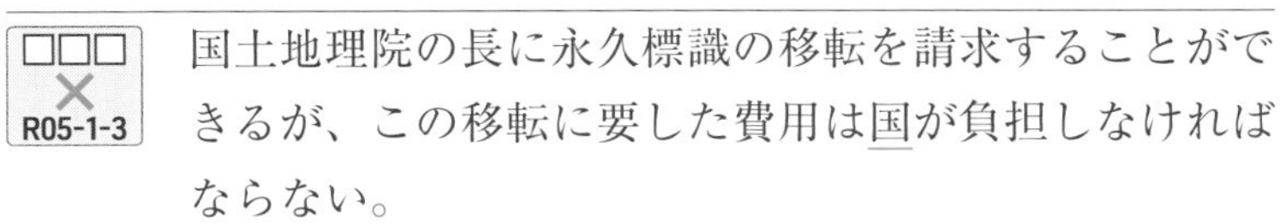
□□□ ×　R05-1-3
国土地理院の長に永久標識の移転を請求することができるが、この移転に要した費用は国が負担しなければならない。

1 測量に関する法規③

(5) 公共測量

行政が費用を負担する公共測量は公共性が高いため、基本測量または公共測量の測量成果に基づいて実施しなければならない。

ここがポイント!

〈測量成果とは〉

測量をした結果、完成したものを測量成果といいます。例えば、基準点成果情報（成果表）や数値地形図データなどです。地形図を観光ガイドマップに使用する場合も測量成果の使用になります。

あらかじめ行政は実施する測量に問題がないか、測量の作業規定を国土交通大臣に提出し、承認を得る必要がある。加えて、測量の目的や方法などを記載した計画書を国土地理院の長に提出し、技術的助言を求める必要がある。作業規定や計画書を変更しようとする場合も、同様である。

また、公共測量で設置した測量標には、公共測量の測量標であることと、測量計画機関の名称を表示しなければならない。さらに、公共測量によって永久標識を設置・移転・廃棄した場合は、種類や所在地などを国土地理院の長に通知する。

ここがポイント!

公共測量の測量計画機関は、国や地方公共団体などの行政庁です。行政庁は測量に関して専門的な知識がありませんから、助言は国土地理院の長にすることになります。

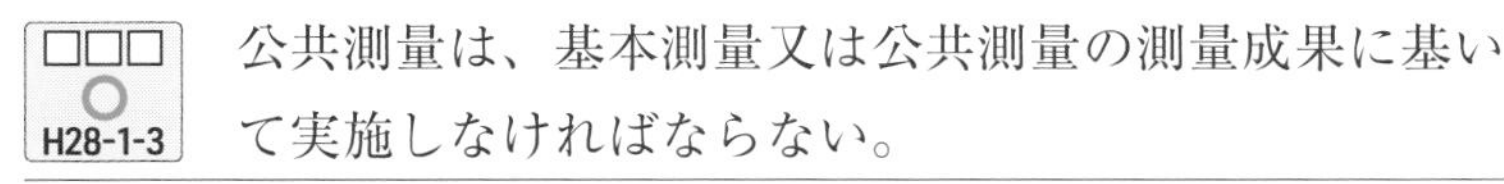

選択肢を○×で答えてみよう！

□□□ ○ H28-1-3
公共測量は、基本測量又は公共測量の測量成果に基いて実施しなければならない。

□□□ ○ H29-1-3
測量計画機関は、公共測量を実施しようとするときは、当該公共測量に関し観測機械の種類、観測法、計算法などを定めた作業規程を定め、あらかじめ、国土交通大臣の承認を得なければならない。

□□□ × H29-1-4
測量計画機関は、公共測量を実施しようとするときは、あらかじめ、当該公共測量の目的、地域及び期間並びに当該公共測量の精度及び方法を記載した計画書を提出して国土交通大臣の技術的助言を求めなければならない。

□□□ ○ H30-1-4
公共測量を実施する者は、当該測量において設置する測量標に、公共測量の測量標であること及び測量計画機関の名称を表示しなければならない。

〔　〕に何が入るか考えてみよう！

□□□ H23-1-d
公共測量は、基本測量又は公共測量の〔測量成果〕に基づいて実施しなければならない。

2 測量作業における注意点①

重要部分をマスター！

(1) 土地の立入り・障害物の除去

測量では、測量法によって他人の土地に立ち入ったり、障害物を除去したりすることが認められている。また、これらの条文は基本測量だけでなく、公共測量においても準用されている。

他人の土地に立ち入る必要がある場合は、あらかじめ土地占有者に通知し、身分を示す証明書の原本を携帯する必要があり、やむを得ず障害物（植物、垣（かき）、柵（さく））を除却する必要がある場合は、あらかじめ所有者または占有者の承諾を得る必要がある。

(2) その他の作業上の注意点①

測量作業機関は、特に現地での測量作業において、作業者の安全の確保について適切な措置を講じなければならず、測量作業の着手前に、測量作業の方法、使用する主要な機器、要員、日程等について適切な作業計画を立案し、これを測量計画機関に提出して、その承認を得なければならない。作業計画を変更しようとするときも同様である。

過去問にチャレンジ!

1回目	月　日	2回目	月　日	3回目	月　日

選択肢を◯×で答えてみよう！

□□□ ○ H30-2-b
現地作業中は、測量計画機関から発行された身分証明書を携帯するとともに、自社の身分証明書も携帯した。

□□□ × H28-2-b
測量計画機関が発行した身分を示す証明書は大切なものであるから、現地での作業ではカラーコピーした身分を示す証明書を携帯した。

□□□ × H29-2-c
空中写真測量において、対空標識設置のため樹木の伐採が必要となったので、あらかじめ、測量計画機関の承諾を得て、当該樹木を伐採した。

□□□ ○ H25-2-d
D市が実施する空中写真測量において、対空標識設置のため樹木の伐採が必要となったので、あらかじめ、その土地の所有者又は占有者に承諾を得て、当該樹木を伐採した。

□□□ ○ R01-2- b
現地作業の前に、その作業に伴う危険に関する情報を担当者で話し合って共有する危険予知活動（KY活動）を行い、安全に対する意識を高めた。

□□□ ○ H30-2-a
測量作業着手前に、測量作業の方法、使用する主要な機器、要員、日程などについて作業計画を立案し、測量計画機関に提出して承認を得た。

2 測量作業における注意点②

(3) その他の作業上の注意点②

道路の使用・占有許可では、交通量が少なく交通の妨害となるおそれがない場合でも申請が必要になる。また、測量計画機関が所有する道路において作業をする場合でも、道路使用許可の申請は警察署長に対してするものであるため、申請が必要な点に注意する。使用許可は測量を実施するために道路を使用する際に申請し、占有許可は道路に工作物を設置する際に申請するものである。

さらに、測量計画機関から貸与された図書や関係資料を利用する際には紛失・損傷しないように注意しながら作業を実施しなければならない、作業後に使用しなかった資材の撤去や周囲の清掃は当然にするなど、一般的なマナーの問題も出題される。特に原状回復として、空中写真測量で使われる対空標識の撤去の問題が出題される。もちろん、設置した対空標識は、撮影作業完了後、速やかに現状を回復するものとする。

また、作業中に住民から苦情がきたり、必要な土地立入りの許可が得られなかったりなど、現地でトラブルとなるおそれがある場合や、事故が発生した場合には、作業責任者および測量計画機関に報告するとともに、対処方法について指示を得る。

ここがポイント!

測量作業の注意点に関する問題は、きちんとした態度や良識的なマナーを考えれば、知らない問題が出題されても対応することができます。

過去問にチャレンジ!

1回目	月　日	2回目	月　日	3回目	月　日

選択肢を○×で答えてみよう！

□□□ × H29-2-b
水準測量を実施する道路は、交通量が少ないため、当該地域を管轄する警察署長への道路使用許可申請書の提出は省略して水準測量を行った。

□□□ × H27-2-d
B市が発注する水準測量において、すべてB市の市道上での作業になることから、道路使用許可申請を行わず作業を実施した。

□□□ × H30-2-d
道路上で水準測量を実施するため、あらかじめ所轄警察署長に道路占用許可申請書を提出し、許可を受けて水準測量を行った。

□□□ × R03-2-e
測量計画機関から貸与された空中写真を、別の測量計画機関から同じ地域の作業を受注した場合に活用できるかもしれないと考え、社内で複写して保管した。

□□□ × H27-2-c
地形図作成のために設置した対空標識は、空中写真撮影完了後、作業地周辺の住民や周辺環境に影響がない場所であったため、そのまま残しておいた。

□□□ × H28-2-e
水準測量作業中に標尺が通行中の自動車に接触しドアミラーを破損したが、その場で示談が成立したため特に測量計画機関には報告しなかった。

3 測量の基準①

◎重要部分をマスター！

測量では点の位置を観測し、示す必要がある。測量法において地球上の点の位置は、地球の形に近似した回転楕円体の表面上における地理学的経緯度と標高（平均海面からの高さ）で表示すると定められている。ただし、GNSS測量では、地心直交座標で示すことができる。

(1) 地球の形状

測量の対象となる土地は、もちろん地球上の大地となる。地球は完全な球体ではなく、球体を上下に押しつぶした回転楕円体となっている。地球上の位置を緯度、経度で表すための基準として、地球の形状と大きさに近似した回転楕円体が用いられるが、この回転楕円体を準拠楕円体という。

赤道半径と極半径の比率によって回転楕円体の形状が定められるが、日本ではその比率として国際的な決定であるGRS80（Geodetic Reference System 1980）を準拠楕円体として採用している。

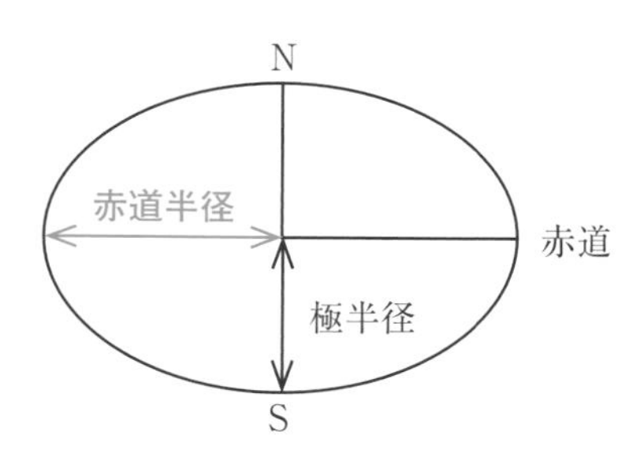

過去問にチャレンジ!

1回目	月　日	2回目	月　日	3回目	月　日

選択肢を◯×で答えてみよう!

□□□ ○ H28-3-4
地球上の位置は、世界測地系に従って測定された地理学的経緯度及び平均海面からの高さで表すことができる。

□□□ × H26-3-3
地球上の位置は、地球の形に近似したジオイドの表面上における地理学的経緯度及び平均海面からの高さで表すことができる。

□□□ ○ H30-4-1
地球上の位置を緯度、経度で表すための基準として、地球の形状と大きさに近似した回転楕円体が用いられる。

□□□ × H26-3-5
測量法に規定する世界測地系では、回転楕円体としてITRF94を採用している。

〔　　〕に何が入るか考えてみよう!

□□□ H24-3
測量の基準面として、地球の形状に近似した〔A.回転楕円体〕を採用する。その〔A.回転楕円体〕は、地理学的経緯度の測定に関する国際的な決定に基づいたもので、これを〔B.準拠楕円体〕という。

ここがポイント!

〈回転楕円体と準拠楕円体の違い〉
　回転楕円体とは、地球の形を近似的に表したもので、回転楕円体のうち、法律により基準として定められたものが準拠楕円体と呼ばれます。

3 測量の基準②

(2) 標高

測量において座標の高さは平均海面からの高さ（鉛直方向の距離）で示される。これを標高という。

地球表面の大部分を覆っている海面は、常に形を変えている。その平均的な状態を陸地内部まで延長した仮想の面をジオイドという。ジオイドは重力の方向と直交しており、地球の形に近似した回転楕円体に対して凹凸がある。

準拠楕円体からジオイドまでの高さをジオイド高といい、準拠楕円体から地表までの高さを楕円体高という。GNSS 測量で標高を求めるためには、観測点のジオイド高を別に測量することで、楕円体高から差し引き、標高を得る必要がある。距離および面積は準拠楕円体の表面上の値で計算する。

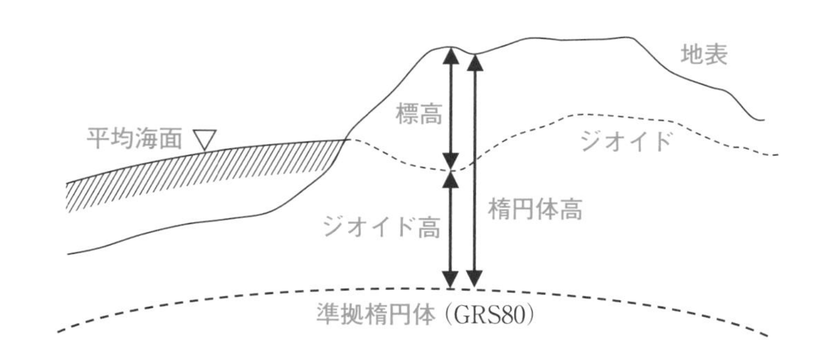

過去問にチャレンジ！

1回目	月　日	2回目	月　日	3回目	月　日

選択肢を○×で答えてみよう！

□□□ ○ H30-4-2
標高は、楕円体高とジオイド高を用いて計算することができる。

□□□ × R02-4-b
ジオイドは、重力の方向に平行であり、地球を回転楕円体で近似した表面に対して凹凸がある。

□□□ × H30-4-5
ジオイド高は、ある地点において、平均海面を陸側に延長したと仮定した面から地表面までの高さである。

□□□ ○ H27-3-4
ジオイド高は、楕円体高と標高を用いて計算することができる。

〔　　〕に何が入るか考えてみよう！

□□□ H21-3
測量法では、基本測量及び公共測量については、位置を〔A. 地理学的経緯度〕及び平均海面からの高さで表示するが、場合によっては〔B. 地心直交座標〕などで表示することができるとされている。GNSS測量機による測量では、〔B. 地心直交座標〕による基線ベクトル、座標値を求めることができる。〔B. 地心直交座標〕はX、Y、Zの3つの成分で表され、計算によって緯度、経度、〔C. 楕円体高〕に換算できる。〔C. 楕円体高〕から標高を求めるためには、別に測量して求められた、準拠楕円体から〔D. ジオイド〕までの高さが必要である。

3 測量の基準③

(3) 地図の投影法

地図の投影とは、球体である地球の表面を平面に描くために考えられたものである。曲面にあるものを平面に表現するという性質上、地図の投影にはごく狭い範囲を描く場合を除いて、必ずひずみが生じる。ひずみの要素や大きさは投影法によって異なるため、地図の用途や描く地域、縮尺に応じた最適な投影法を選択する必要がある。

ひずみなく表現できる項目として角度、距離、面積があり、それぞれ正角図法、正距図法、正積図法という名称がついている。

同一の図法により描かれた地図において、正角図法と正距図法、または正距図法と正積図法の性質を同時に満たすことは可能である。例えば、正距方位図法は地図上の各点において特定の１点からの距離と方位を同時に正しく描くことができる。ただし、正角図法と正積図法の性質を同時に満たすことはできない。

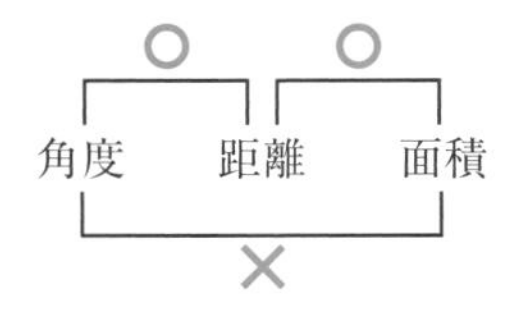

また、投影方法（投影面）としては、地球の形を球として、直接平面に投影する方位図法、地球に円筒をかぶせてその円筒に投影し、切り開いて平面にする円筒図法、地球に円錐をかぶせてその円錐に投影し、切り開いて平面にする円錐図法などがある。

過去問にチャレンジ!

1回目	月　日	2回目	月　日	3回目	月　日

選択肢を○×で答えてみよう!

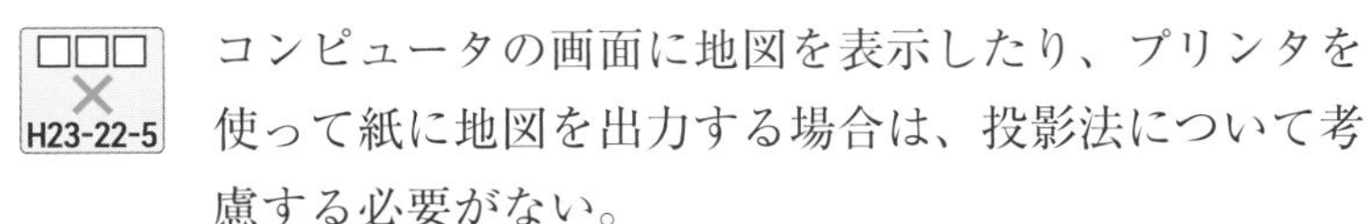

□□□ × H23-22-5　コンピュータの画面に地図を表示したり、プリンタを使って紙に地図を出力する場合は、投影法について考慮する必要がない。

□□□ ○ H23-22-2　投影法は、地図の目的、地域、縮尺に合った適切なものを選択する必要がある。

□□□ ○ H27-23-2　平面上に描かれた地図において、地球上のすべての地点の角度及び面積を同時に正しく表すことはできない。

□□□ ○ H23-22-1　平面上に描かれた地図において、距離（長さ）、方位（角度）及び面積を同時に正しく表すことはできない。

□□□ ○ H28-22-e　投影法は、投影面の種類によって分類すると、方位図法、円錐図法及び円筒図法に大別される。

□□□ × H27-23-1　正距図法は、地球上の距離と地図上の距離を正しく対応させる図法であり、すべての地点間の距離を同一の縮尺で表示することができる。

ここがポイント!

正距図法といっても、特定の点間距離を正しく表すことができるに過ぎません。任意の２点間の距離を正しく示す平面の地図はあり得ません。

3 測量の基準④

(4) UTM 座標系

国土地理院刊行の1/25,000 地形図などの中縮尺図ではUTM図法（ユニバーサル横メルカトル図法）を採用している。UTM 図法と測量で使われる平面直角座標系は、正角横円筒図法のガウス・クリューゲル図法で描かれている。正角図法のため、両極を除いた任意の地点における角度を正しく描くことができる。角度が重要な海図も同じ図法で作成されている。

UTM 図法は北緯 84° から南緯 80° の間の地域を経度差 6° ずつの範囲に分割して、その横軸を赤道としている。

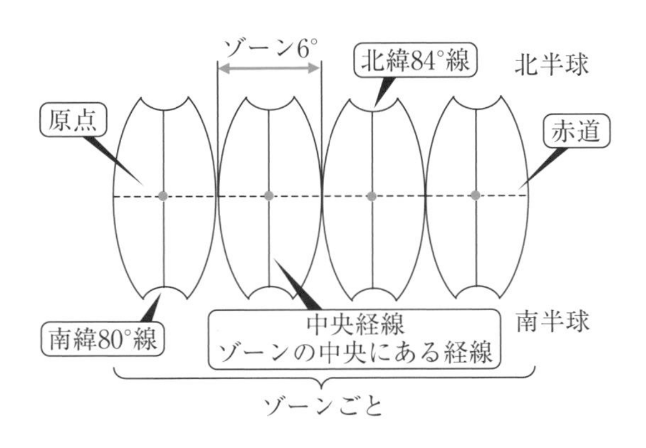

経線と赤道以外の緯線は曲線のため、UTM 図法を用いた地形図の図郭は、ほぼ直線で囲まれた不等辺四角形となる。

縮尺係数は X 軸において 0.9996 であり、東西に約 180km 離れたところで 1.0000 である。

過去問にチャレンジ!

1回目	月　日	2回目	月　日	3回目	月　日

選択肢を◯×で答えてみよう!

解答	選択肢
□□□ ○ R01-22-2	ユニバーサル横メルカトル図法は、国土地理院刊行の1/25,000地形図、1/50,000地形図で採用されている。
□□□ × H25-24-5	UTM図法（ユニバーサル横メルカトル図法）に基づく座標系は、縮尺1/2,500以上の大縮尺図に最も適している。
□□□ ○ H29-22-3	UTM図法と平面直角座標系で用いる投影法は、ともに横円筒図法の一種であるガウス・クリューゲル図法である。
□□□ × H28-22-d	メルカトル図法は、面積が正しく表現される投影法である。
□□□ × H25-24-4	UTM図法（ユニバーサル横メルカトル図法）に基づく座標系は、地球全体を経度差3°の南北に長い座標帯に分割してその横軸を赤道としている。
□□□ ○ H24-23-1	ユニバーサル横メルカトル図法（UTM図法）を用いた地形図の図郭は、ほぼ直線で囲まれた不等辺四角形である。
□□□ ○ H29-22-1	UTM図法に基づく座標系の縮尺係数は、中央経線上において0.9996、中央経線から約180km離れたところで1.0000である。

3 測量の基準⑤

⑸ 平面直角座標系

測量における平面位置は、平面直角座標系に規定する世界測地系に従う直角座標で表示する。平面直角座標系では原点を通る子午線（南極点と北極点を結ぶ上下の線）をX軸、原点を通り子午線と直交する平行圏をY軸とし、原点の座標値をX＝0m、Y＝0mとして定める。

座標値は原点からのX方向、Y方向の距離となり、日本においては、Xの値は原点よりも北ならば正（＋）、南ならば負（－）、Yの値は原点よりも東ならば正（＋）、西ならば負（－）となる。

正角図法である横メルカトル図法のため、角度は正しく投影されるが、距離については東西に離れるにしたがって誤差が増大していく。そこで、日本の測量においては以下の工夫により、誤差を軽減している。

ア　座標系

日本全体に19の範囲を設定し、それぞれに原点を置いている。

イ　縮尺係数

距離の誤差を抑えるため、座標原点に0.9999の縮尺係数を与え、東西方向に離れるにしたがって大きくなっていき、原点からY座標が90km（90,000m）になるときの縮尺係数を1.0000としている。

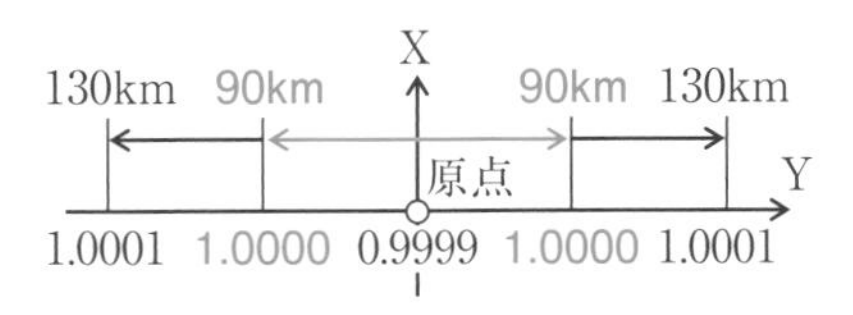

過去問にチャレンジ!

1回目	月　日	2回目	月　日	3回目	月　日

選択肢を○×で答えてみよう！

□□□ × R02-22-a
平面直角座標系に用いることが定められている地図投影法は、ガウスの等角二重投影法である。

□□□ ○ H30-22-d
平面直角座標系における座標系原点の座標値は、X = 0.000m、Y = 0.000m である。

□□□ ○ H30-22-e
平面直角座標系における Y 軸は、座標系原点において子午線に直交する軸とし、東に向かう方向を正としている。

□□□ × H23-22-3
平面直角座標系において、座標系の Y 軸は、座標系原点において子午線に一致する軸とし、真北に向かう値を正とする。また、座標系の X 軸は、座標系原点において座標系の Y 軸に直交する軸とし、真東に向かう値を正とする。

□□□ × H30-22-c
平面直角座標系では、日本全国を 16 の区域に分けている。

□□□ × H24-23-5
平面直角座標系は、日本全国を 19 の区域に分けて定義されているが、その座標系原点はすべて赤道上にある。

□□□ × R02-22-e
各平面直角座標系の原点を通る子午線上における縮尺係数は 0.9999 であり、この子午線から離れるに従って縮尺係数は小さくなる。

3 測量の基準⑥

(6) 地心直交座標

GNSS測量では、平面直角座標系ではなく、地球の重心を原点とした世界測地系の地心直交座標であるITRF（International Terrestrial Reference Frame）座標系を採用している。

地心直交座標では、原点から経度0°の子午線と赤道の交点を通る直線がX軸、東経90°の子午線と赤道の交点を通る直線がY軸、そして回転楕円体の短軸（北極方向）がZ軸となる三次元上の位置を示すことになる。この座標値から計算によって、緯度・経度・楕円体高を求めることになる。

地心直交座標の座標値の計算によっても、準拠楕円体（GRS80）からの高さである楕円体高までしか求めることはできず、標高を直接測ることはできない。そのため、国土地理院が提供するジオイドモデルより求めたジオイド高を楕円体高から差し引くことで標高を得る必要がある。

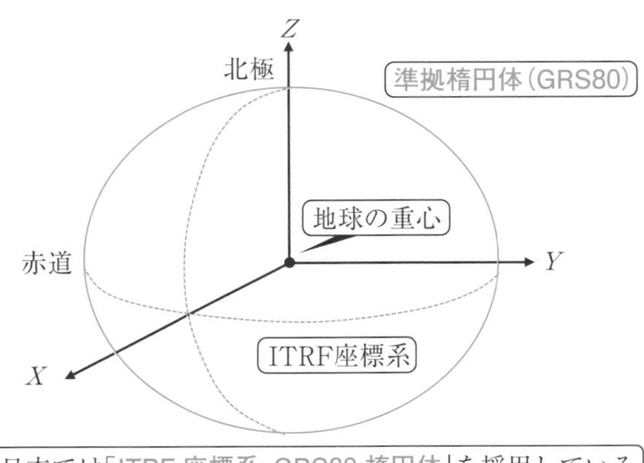

日本では「ITRF座標系、GRS80楕円体」を採用している

過去問にチャレンジ!

1回目	月　日	2回目	月　日	3回目	月　日

選択肢を○×で答えてみよう!

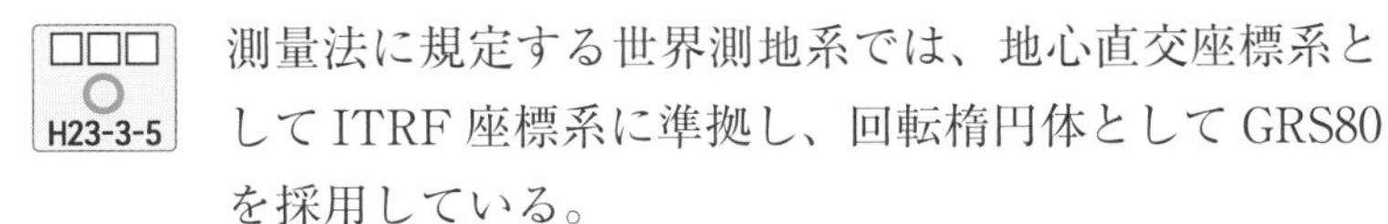

□□□ ○ H23-3-5

測量法に規定する世界測地系では、地心直交座標系としてITRF座標系に準拠し、回転楕円体としてGRS80を採用している。

ここがポイント!

日本測地系2011（JGD2011）では、東日本と北陸４県でITRF2008、西日本と北海道でITRF94を採用しています。

□□□ ○ H25-3-3

世界測地系である地心直交座標系の座標値から、経緯度を計算することができる。

□□□ ○ R02-4-d

地心直交座標系の座標値から、回転楕円体上の緯度、経度及び楕円体高に変換できる。

□□□ × H30-8-3

衛星測位システムによる観測で、直接求められる高さは標高である。

〔　〕に何が入るか考えてみよう!

□□□ H21-3

地心直交座標は〔A. X、Y、Zの３つ〕の成分で表され、計算によって緯度、経度、〔B. 楕円体高〕に換算できる。〔B. 楕円体高〕から標高を求めるためには、別に測量して求められた、準拠楕円体から〔C. ジオイド〕までの高さが必要である。

ここがポイント!

GNSS測量とは、衛星を使った測量方法のことです。第３章「GNSS測量」で詳しく学習します。

4 計算問題（測量に関する法規）

重要部分をマスター！

平面直角座標系の符号（＋・－）と縮尺係数を求める問題が出題されます。もう一度、符号と縮尺係数について押さえておきましょう。

・符号

座標値は原点からのX方向、Y方向の距離

Xの値は原点よりも北ならば正（+）、南ならば負（－）

Yの値は原点よりも東ならば正（+）、西ならば負（－）

・縮尺係数

座標原点の縮尺係数は、0.9999

東西方向に離れるにしたがって大きくなっていく

原点からY座標が90km（90,000m）になるときの縮尺係数を1.0000としている

ここがポイント！

基準点成果情報とは、過去の測量で得られた三角点や基準点の測量成果を表にしたものです。実際の測量においては、新点の位置を計算する際に必要な既知点の座標値として使用されます。

過去問にチャレンジ!

1回目	月 日	2回目	月 日	3回目	月 日

表は、基準点成果等閲覧サービスで閲覧できる基準点成果情報の抜粋である。〔ア〕及び〔イ〕に入るべき符号と〔ウ〕に入るべき縮尺係数の組合せとして最も適当なものはどれか。次の中から選べ。

平面直角座標系の5系における座標原点は、次のとおりである。

緯度(北緯) B = 36° 0′0″.0000、経度(東経) L = 139° 50′0″.0000

表

基準点成果	
基準点コード	TR35339775901
地形図	東京－野田
種別等級	三等三角点
冠字選点番号	張 29
点名	筒 戸
測地系	世界測地系
緯度	35° 58′ 06″ .2444
経度	139° 59′ 37″ .3553
標高	17.25m
ジオイド高	38.95m
平面直角座標系（番号）	IX 系
平面直角座標（X）	〔ア〕3493.919m
平面直角座標（Y）	〔イ〕14464.460m
縮尺係数	〔ウ〕

	ア	イ	ウ
1	＋	＋	1.000003
2	＋	－	1.000003
3	－	＋	1.000003
4	－	＋	0.999903
5	＋	－	0.999903

解答・解説をチェック！

平成 22 年第 7 問（基準点成果情報）	正解：4

原点と基準点の位置を図で書いて考える。

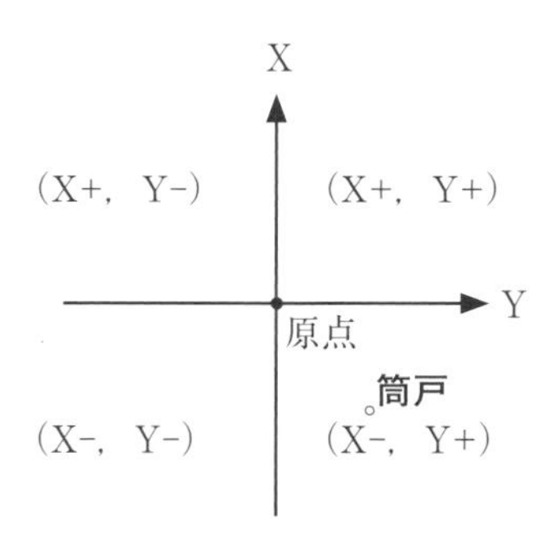

基準点の緯度は原点よりも小さいため、南に位置することがわかる。基準点の経度は原点よりも大きいため、東に位置することがわかる。

座標値は原点からの X 方向、Y 方向の距離となり、日本においては、X の値は原点よりも北ならば正（+）、南ならば負（−）、Y の値は原点よりも東ならば正（+）、西ならば負（−）となる。よって、平面直角座標系の符号は、X 座標が−、Y 座標が＋となる。

縮尺係数は、座標原点に 0.9999 の縮尺係数を与え、東西方向に離れるにしたがって大きくなっていき、原点から Y 座標が 90km（90,000m）になるときの縮尺係数を 1.0000 としている。

基準点の Y 座標は＋ 14,464.460m であることから、原点から東方向に 14km 離れていることになる。90km 未満なため、縮尺係数は 1.0000 未満となることから、選択肢から 0.999903 であることがわかる。

第2章

多角測量

主にトータルステーションという機械を用いて、角度と距離を観測し、位置を定める測量のことを多角測量（トラバース測量）といいます。作業工程に沿って内容を理解し、計算問題を解けるようにしておきましょう。

1 トータルステーション

◎重要部分をマスター！

多角測量では角度と距離を観測するが、この角度と距離を観測する機械のことをトータルステーション（TS）という。目標（プリズム）に対して1つの視準（トータルステーションを覗いて目標を見ること）で、角度（水平角・鉛直角）と距離が同時に観測できる。

トータルステーションに付随する機械として、データコレクタがある。これは、観測手簿の代わりになるもので、角度と距離の観測値を自動的に記録し、コンピュータへデータ転送をすることができる装置である。自動的に記録されるのは観測値のみであり、器械高および反射鏡高や気象要素の測定値などは観測者が入力する必要がある。

観測データを失うことがないように、観測後には速やかに他の媒体にバックアップをとるようにする。また、データコレクタに記録された値を訂正することは認められておらず、再測によって不要となった観測値を編集によって削除することも同様に認められていない。

トータルステーション

プリズム

三脚

過去問にチャレンジ!

1回目	月　日	2回目	月　日	3回目	月　日

選択肢を○×で答えてみよう！

□□□ ○ H30-5-d　観測においては、水平角観測、鉛直角観測及び距離測定を1視準で同時に行う。

□□□ ○ H23-7-1　器械高及び反射鏡高は観測者が入力を行うが、観測値は自動的にデータコレクタに記録される。

□□□ × H22-6-3　観測値はデータコレクタに記録されるため、他の媒体にバックアップを取る必要はない。

□□□ × H22-6-5　データコレクタに記録された観測値のうち、再測により不要となった観測値は、編集により削除することが望ましい。

ここがポイント!

データコレクタを使うことで、観測終了後に自動的に観測値が許容範囲内にあるのかどうか判断することができます。そのためにも、気温や気圧などの気象要素などは別に観測して入力する必要があります。

2 器械誤差

◎重要部分をマスター！

トータルステーションが構造上持つ誤差を器械誤差という。器械誤差の原因と消去法は以下の表のとおりである。

誤差の名称	原因	消去法
視準軸誤差	視準軸と視準線が一致していない	正反観測値を平均する
水平軸誤差	水平軸と鉛直軸が直交していない	正反観測値を平均する
鉛直軸誤差	鉛直軸が鉛直でない	なし
偏心誤差	目盛盤の中心が鉛直軸と一致していない	正反観測値を平均する
外心誤差	視準線が鉛直軸と一致していない	正反観測値を平均する
目盛誤差	目盛盤の目盛間隔が均等でない	観測工夫による軽減のみ
目標像のゆらぎ	空気密度の不均一さ	観測工夫による軽減のみ

特に、トータルステーションの鉛直軸が、鉛直線から傾いているために生じる鉛直軸誤差には消去・軽減の方法がなく、これをなくすためには、三脚やトータルステーションを正しく鉛直に整置しなおすことになる。また、空気密度の不均一さによる目標像のゆらぎのために生じる誤差は、観測回数を増やすことによる誤差の軽減しかできず、望遠鏡の正反観測値を平均しても消去できない。

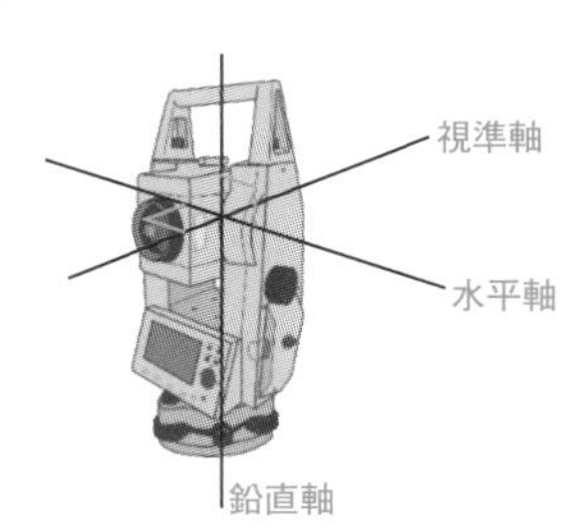

過去問にチャレンジ!

1回目	月　日	2回目	月　日	3回目	月　日

選択肢を○×で答えてみよう！

トータルステーションの水平軸と望遠鏡の視準線が直交していないために生じる視準軸誤差は、望遠鏡の正（右）・反（左）の観測値を平均しても消去できない。

トータルステーションの水平軸と鉛直線が直交していないために生じる水平軸誤差は、望遠鏡の正（右）・反（左）の観測値を平均しても消去できない。

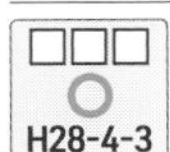

トータルステーションの鉛直軸が鉛直線から傾いているために生じる鉛直軸誤差は、望遠鏡の正（右）・反（左）の観測値を平均しても消去できない。

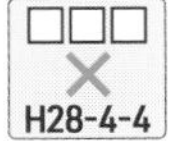

トータルステーションの水平目盛盤の中心が鉛直軸の中心と一致していないために生じる偏心誤差は、望遠鏡の正（右）・反（左）の観測値を平均しても消去できない。

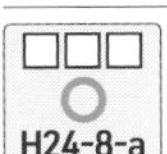

空気密度の不均一さによる目標像のゆらぎのために生じる誤差は、望遠鏡の正（右）・反（左）の観測値を平均しても消去できない。

ここがポイント!

トータルステーションの３軸（視準軸・水平軸・鉛直軸）のうち、鉛直軸の誤差だけは正反観測値を平均しても消去・軽減ができません。

3 作業工程

多角測量は、以下の工程にしたがっておこなわれる。

重要部分をマスター!

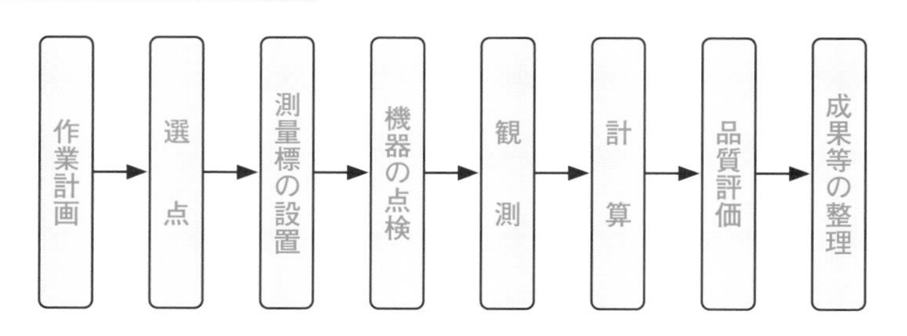

4 作業計画

重要部分をマスター!

作業計画では、基準点測量に関する資料収集をおこない、平均計画図や作業計画書を作成する。平均計画図とは、次の選点作業で作成することになる平均図の案となるもので、地形図上に既知点や新点の位置、観測する方向などを書き込んだものである。

準備する資料としては、基準点配点図、既設基準点の成果表および点の記などが挙げられる。

ここがポイント!

作業計画を作成できるのは測量士であり、測量士補試験では作業計画の深い知識は出題されません。しかし、「作業計画の工程では平均計画図を作成する」という点には注意しましょう。

過去問にチャレンジ!

1回目	月　日	2回目	月　日	3回目	月　日

正しい順番に並べかえよう!

□□□ H29-5

次のa～fは、基準点測量で行う主な作業工程である。標準的な作業の順序を選べ。

a　踏査・選点　　b　成果等の整理　　c　観測
d　計画・準備　　e　測量標の設置　　f　平均計算

順序　d→〔a〕→〔e〕→〔c〕→〔f〕→b

選択肢を○×で答えてみよう!

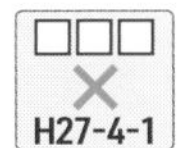

作業計画の工程において、地形図上で新点の概略位置を決定し、平均図を作成する作業を行った。

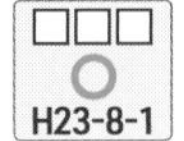

作業計画の工程において、後続作業における利便性などを考慮して地形図上で新点の概略位置を決定し、平均計画図を作成した。

測量作業を実施するに当たっては、基準点配点図、既設基準点の成果表及び点の記などを準備する。

ここがポイント!

点の記は、基準点の所在地、所有者（管理者）、埋標年月日、設置場所の略図・写真などが記載されたものです。実際の測量においては、この点の記を見て所有者（管理者）に連絡をし、現地に行くことになります。

5 選点

重要部分をマスター!

選点とは、平均計画図に基づいて現地調査（踏査）を行い、新点の位置の選定をする作業のことである。選点では、選点図と平均図を作成することになる。現地調査は、既知点に異常がなく、測量作業に使用できるかを観測の前にあらかじめ確認することが目的となる。

新点の設置場所としては、地盤が堅固であるなど、標識の長期保存に適した場所であり、通行の妨害または危険のないよう配慮した場所である必要がある。また、他人の土地に永久標識を設置しようとするときは、事前に土地の所有者または管理者からの建標承諾書が必要になる。

今後の測量で利用しやすくするため、新点の配置は、既知点を考慮に入れた上で、視通（しつう）を確保するのはもちろん、配点密度が必要十分で、かつ、できるだけ均等になるよう配慮する必要がある。1本の観測路線でいえば、全体の路線長は極力短くし、節点数を少なく、辺の長さが均一になるのが望ましい。さらに、新点の位置精度は観測網の形状による影響を受けるため、選点にあたって考慮する。観測網の形状については、1～2級基準点測量では結合多角方式を使い、3～4級基準点測量では結合多角方式か単路線方式を使うことになる。

新点は、外周角（既知点と既知点を結ぶ直線と外周にある新点がなす角）40°以下、きょう角（路線の途中の辺が隣接する辺となす角）60°以上とし、極端に路線の外側に出ている新点がないようにする。

過去問にチャレンジ!

1回目	月 日	2回目	月 日	3回目	月 日

選択肢を○×で答えてみよう！

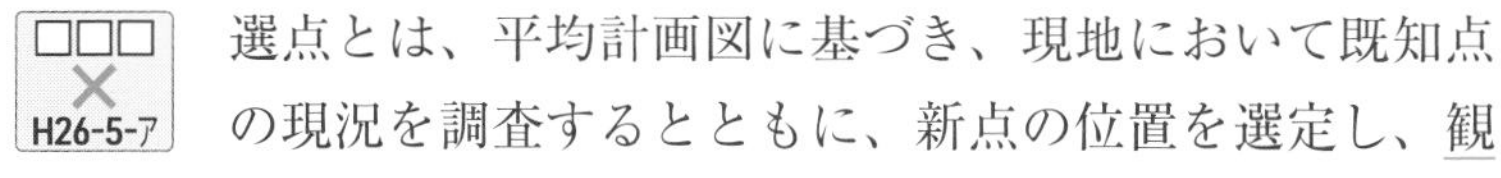

□□□ ×　H26-5-ア
選点とは、平均計画図に基づき、現地において既知点の現況を調査するとともに、新点の位置を選定し、観測図及び平均図を作成する作業をいう。

□□□ ×　H25-2-b
B市の基準点測量において、作業の効率化のため、山頂に設置されている既知点の現況調査を観測時に行った。

□□□ ○　H27-2-b
A市が発注する基準点測量において、A市の公園内に新点を設置することになったが、利用者が安全に公園を利用できるように、新点を地下埋設として設置した。

□□□ ○　H21-4-3
新点の設置位置は、できるだけ地盤の堅固な場所を選ぶ。

□□□ ○　H21-4-1
新点位置の選定に当たっては、視通、後続作業における利用しやすさなどを考慮する。

□□□ ×　H21-4-5
トータルステーションを用いた測量を行う場合は、できるだけ一辺の長さを短くして、節点を多くする。

□□□ ×　R04-5-1
多角網の外周路線に属する新点は、外周路線に属する隣接既知点を結ぶ直線から外側40°以上の地域内に選点し、路線の中のきょう角を60°以下にする。

6 測量標の設置

◎重要部分をマスター！

決定した新点の位置に永久標識を設置する作業を、測量標の設置という。永久標識には、必要に応じて固有番号などを記録したICタグを取り付けることができ、設置後には測量標設置位置通知書および点の記を作成する。

7 機器の点検

◎重要部分をマスター！

観測に用いる観測機械は、事前に検定および点検調整を実施し、必要精度が確保できていることを確認する。

8 観測

◎重要部分をマスター！

観測の工程では、平均図などに基づき関係する点間の水平角、鉛直角、距離などの観測をおこなう。現地で観測をおこなう前に、測量計画機関から承認を得た平均図に基づき、効率的な観測をおこなうための観測図を作成する。その作成においては、点検計算がおこなえるよう配慮する必要がある。

トータルステーションを用いた１級基準点測量では、水平角と鉛直角の観測は１視準1読定、望遠鏡正反の観測を１対回として、2対回おこなう。また、距離の観測は１視準2読定を１セットとして2セットおこなう。

過去問にチャレンジ!

1回目	月　日	2回目	月　日	3回目	月　日

選択肢を○×で答えてみよう！

□□□ × H26-5-イ
永久標識には、必要に応じ衛星情報などを記録したICタグを取り付けることができる。

□□□ × H27-2-e
標識を設置した際、成果表は作成したが、点の記は作成しなかった。

□□□ ○ H27-4-3
測量標の設置の工程において、新点の位置に永久標識を設置し、測量標設置位置通知書を作成した。

□□□ ○ H25-4-5
観測に用いる測量機器は、事前に検定及び点検調整を実施し、必要精度が確保できていることを確認する。

□□□ × H27-4-4
観測の工程において、観測図などに基づき関係する点間の水平角、鉛直角、距離などの観測を行った。

□□□ ○ H23-8-3
平均図に基づき、効率的な観測を行うための観測計画を立案し、観測図を作成した。観測図の作成においては、異なるセッションにおける観測値を用いて環閉合差や重複辺の較差による点検が行えるように考慮した。

□□□ × R05-5-2
水平角観測は、１視準１読定、望遠鏡正及び反の観測を２対回とする。

ここがポイント!

観測の工程には、「水平角の観測」、「鉛直角の観測」、「多角計算」があります。いずれも、計算問題として出題されます。

9 点検計算①

◎重要部分をマスター!

再測が必要かどうかを観測終了後に現地で判断する計算のことを点検計算という。点検計算は選定されたすべての点検路線について、水平位置および標高の閉合差（既知点間を結合した差）や標準偏差を計算し、許容範囲内に収まっているのか否かで観測の良否を判定する。許容範囲を超えた場合、再測をおこなうなど、適切な措置を講ずることになる。トータルステーションでは、データコレクタにあらかじめ要求された許容範囲を設定しておくことで観測終了後直ちに観測値が許容範囲内にあるかどうか判断できる。

点検計算の工程の順序は下のとおりとなる。

① 標高の点検計算
② 距離の補正計算（基準面上の距離およびX・Y平面に投影された距離の計算）
③ 偏心補正計算
④ 座標の点検計算

(1) 標高の点検計算

標高の点検計算は、既知点→新点→既知点を結んだ点検路線における閉合差を求めることによっておこなわれる。

点検路線は、既知点と既知点を結合させるもので、すべての既知点は１つ以上の点検路線で結合させる必要がある。また、路線はなるべく短くし、すべての単位多角形は、路線の１つ以上を点検路線と重複させるものとする。

過去問にチャレンジ！

1回目	月　日	2回目	月　日	3回目	月　日

選択肢を○×で答えてみよう！

□□□ × H26-5-エ
トータルステーションを用いた観測における点検計算は、観測終了後に行うものとする。また、選定されたすべての点検路線について、水平位置及び標高の観測差を計算し、観測値の良否を判定するものとする。

□□□ × H30-5-e
点検計算は、平均計算の結果を用いて行う。

□□□ ○ H27-4-5
計算の工程において、点検計算で許容範囲を超過した路線の再測を行った。

□□□ ○ H22-6-4
データコレクタを用いることで、観測終了後直ちに観測値が許容範囲内にあるかどうか判断できる。

□□□ ○ H25-4-4
観測の点検は、既知点と既知点を結合させた閉合差を計算し、観測の良否を判断する。

□□□ × H26-4-2
点検路線は、なるべく長いものとする。

正しい順番に並べかえよう！

□□□ H21-5
次のａ～ｄは、１級基準点測量での点検計算の工程である。標準的な作業の順序を選べ。

ａ　偏心補正計算　　ｂ　標高の点検計算
ｃ　座標の点検計算
ｄ　基準面上の距離及びＸ・Ｙ平面に投影された距離の計算

順序　〔b〕→〔d〕→〔a〕→〔c〕

9 点検計算②

(2) 距離の補正計算

トータルステーションによる距離の観測誤差については、観測する距離に比例するものと比例しないものに分けることができる。

測定距離に比例する	気象（気温・気圧・湿度）要素の測定誤差
	変調周波数誤差
測定距離に比例しない	器械定数誤差
	器械致心誤差
	反射鏡定数誤差
	反射鏡致心誤差
	位相測定誤差

トータルステーションは、レーザ（光）を発射し、目標（プリズム）に反射して往復する時間を計測することで、距離を測定する。

気象要素は、基準となる光の速度を変えてしまうことから、気象要素の測定誤差は測定距離に比例する。同様に、変調周波数の誤差では、基準となる光の波長の長さを変えてしまうことから、変調周波数誤差は測定距離に比例する。

一方、位相測定誤差は光波の周波数に誤差が比例するもので、測定距離には比例しない。致心誤差は整置による誤差であり、測定距離には比例しない。その他の誤差は定数であり、測定距離には比例しない。

気象要素の測定誤差では、特に気温と気圧の影響を押さえておく。

気温（t）が高くなる	観測距離は短くなる	影響大
気圧（p）が高くなる	観測距離は長くなる	影響少

過去問にチャレンジ!

1回目	月　日	2回目	月　日	3回目	月　日

選択肢を○×で答えてみよう!

□□□ ○ H28-6-e
気象測定の誤差は、トータルステーションによる距離測定に比例する誤差である。

□□□ × H28-6-d
致心誤差は、トータルステーションによる距離測定に比例する誤差である。

□□□ × H28-6-c
位相測定の誤差は、トータルステーションによる距離測定に比例する誤差である。

□□□ ○ H28-6-b
変調周波数の誤差は、トータルステーションによる距離測定に比例する誤差である。

□□□ × H28-6-a
器械定数及び反射鏡定数の誤差は、トータルステーションによる距離測定に比例する誤差である。

□□□ ○ H22-6-2
距離測定においては、気温、気圧を入力すると自動的に気象補正を行うことができる。

10 計算問題（多角測量）

重要部分をマスター！

多角測量の分野では、①機器の点検の方法である「三点法」、②鉛直角の観測で用いる「高低角と高度定数の較差（こうさ）」、③トータルステーションで標高を観測する「間接水準測量」、④「座標計算」、⑤「方向角計算」、⑥「偏心補正計算」、⑦「最確値に対する標準偏差」がそれぞれ計算問題として出題されます。

(1) 三点法

距離の観測精度を点検するための簡便な点検法であり、トータルステーションの距離の補正値（器械定数と反射鏡定数の和）を求めます。

平たんな土地にA、B、Cを一直線上に設けて、AB、BC、ACの距離を測定し、以下の計算をすることで、器械定数と反射鏡定数の和を求めることができます。この補正値をACの距離に加えることで、距離を補正します。

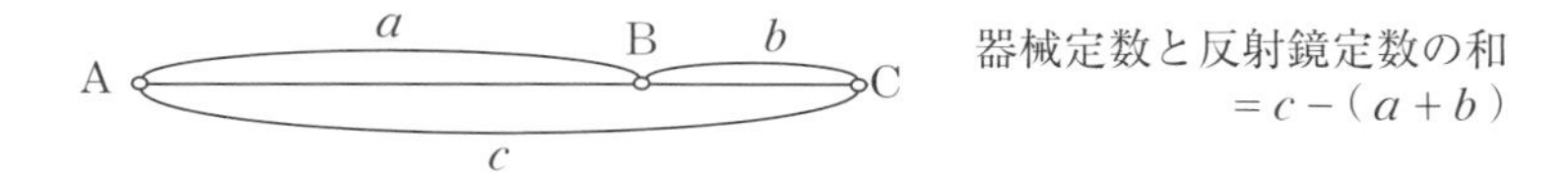

(2) 高低角と高度定数の較差（こうさ）

観測された鉛直角を平均することで、各点の鉛直角の最確値を求めます。望遠鏡の反（ℓ）の値は360°から差し引くことに注意しましょう。

求めるべき高低角は、90°から鉛直角の最確値を引いたものです。

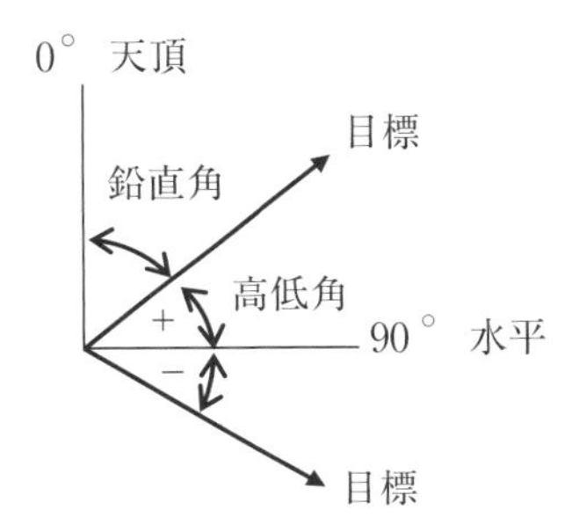

高度定数とは、「望遠鏡の正反の観測値の合計と 360°との差」のことで、一連の観測における高度定数の最大値と最小値の差を「高度定数の較差」といいます。

(3) 間接水準測量・座標計算・方向角計算

間接水準測量、座標計算、方向角計算では、三角関数を使用します。三角関数とは、直角三角形に使える便利な関数です。分かっている角度を左下に置き、直角部分を右下に置いた場合、各辺の比例は以下の図のとおりになります。

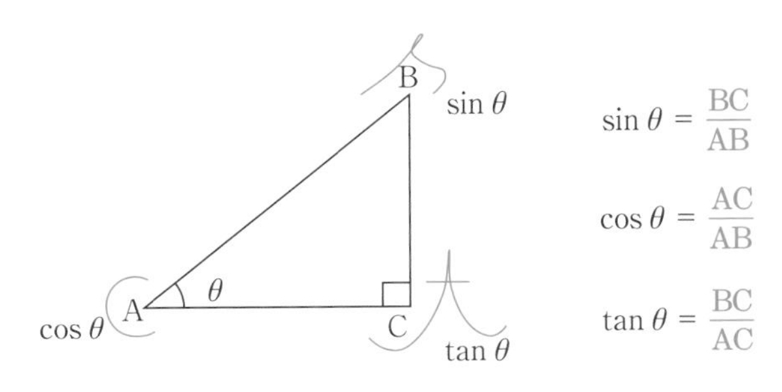

三角関数の値は巻末の付録・関数表を使用します。

(4) 偏心補正計算

原則として、多角測量では観測をおこなう場合、点の上に機械を整置し、直接観測目標の点を視準しますが、観測点（トータルステーションを置く点）から目標点までの間に障害物があり、視通が確保できないことがあり得ます。そのような場合に、点をずらして観測することを偏心といいます。

偏心補正計算では、正弦定理と微小角の２つの公式を使用します。

〈正弦定理〉

三角形の特性として、ある内角のsinと、向かい合う辺の比率はどれも等しくなります。

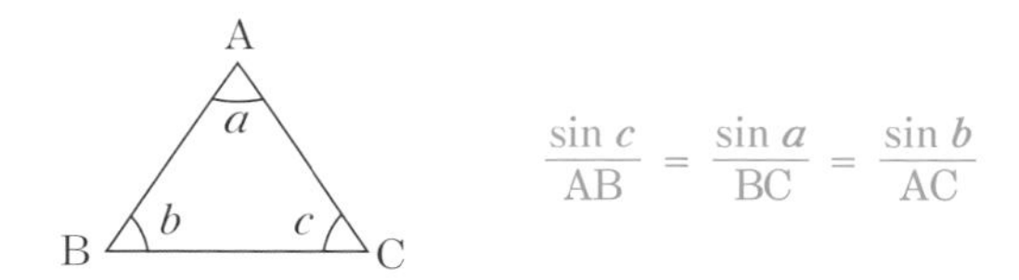

$$\frac{\sin c}{AB} = \frac{\sin a}{BC} = \frac{\sin b}{AC}$$

〈微小角〉

$\sin\theta$（対辺÷斜辺）とラジアン（弧÷半径）はほぼ等しくなります。ラジアンの値にρ（ロー）をかけると、度数法にすることができます。

⑸　最確値に対する標準偏差

測量では真値を観測することは不可能で、観測される座標値はあくまでも最確値です。標準偏差を利用することで、最確値の精度を確認することができます。

最確値の標準偏差（M）は以下の式で求めます。

$$M = \sqrt{\frac{\sum v^2}{n(n-1)}}$$

（n ＝観測回数、v ＝残差（平均値と各観測値の差））

過去問にチャレンジ!

1回目	月　日	2回目	月　日	3回目	月　日

図に示すように、平たんな土地に点A、B、Cを一直線上に設けて、各点におけるトータルステーションの器械高及び反射鏡高を同一にして距離測定を行い、表の結果を得た。この結果から器械定数と反射鏡定数の和を求め、AC間の測定距離を補正した。補正後のAC間の距離は幾らか。最も近いものを次の中から選べ。

ただし、測定距離は気象補正済みとする。また、測定誤差はないものとする。

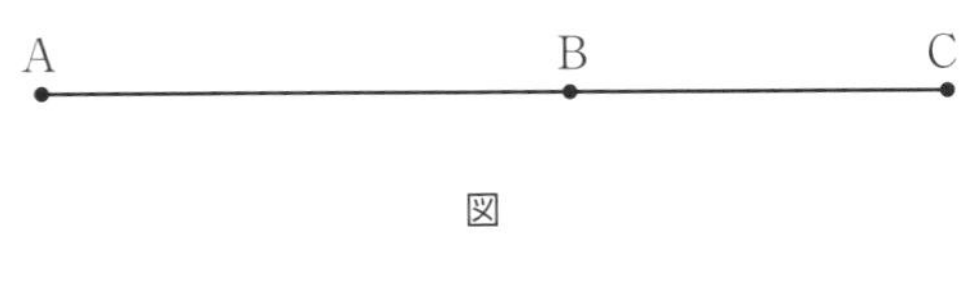

図

表

測定区間	測定距離
AB	355.647m
BC	304.553m
AC	660.180m

1　660.160m

2　660.170m

3　660.180m

4　660.190m

5　660.200m

解答・解説をチェック!

平成 29 年第 7 問（三点法）	正解：1

三点法による測定距離の補正を計算する問題である。

距離の補正値（器械定数と反射鏡定数の和）

　　= AC − (AB + BC)

　　= 660.180 − (355.647 + 304.553)

　　=− 0.02m

この補正値を AC の距離に加えることで、距離を補正する。

　660.180 + (−0.02) = 660.160m

よって、もっとも近いものは肢 1 である。

ここがポイント!

　補正値を、補正する前の値に「加える」と、補正後の値になります。

過去問にチャレンジ!

1回目	月　日	2回目	月　日	3回目	月　日

公共測量における1級基準点測量において、トータルステーションを用いて鉛直角を観測し、表の結果を得た。点A、Bの高低角及び高度定数の較差の組合せとして最も適当なものはどれか。次の中から選べ。

表

望遠鏡	視準点		鉛直角観測値
	名称	測標	
r	A	甲	63° 19′ 27″
ℓ			296° 40′ 35″
ℓ	B	甲	319° 24′ 46″
r			40° 35′ 12″

	高低角（点A）	高低角（点B）	高度定数の較差
1	− 26° 40′ 34″	− 49° 24′ 47″	2″
2	+ 26° 40′ 25″	− 49° 24′ 47″	2″
3	+ 26° 40′ 31″	− 49° 24′ 49″	4″
4	+ 26° 40′ 34″	+ 49° 24′ 47″	4″
5	+ 26° 40′ 31″	+ 49° 24′ 50″	0″

ここがポイント!

度数法では、「°（度）′（分）″（秒）」の単位で角度を表します。60秒で1分、60分で1度となります。1° = 60′ = 3,600″です。

解答・解説をチェック！

平成 25 年第 5 問（高低角と高度定数の較差）	正解：4

観測値から、高低角と高度定数の較差を計算する問題である。

まずは、観測された鉛直角を平均し、各点の鉛直角の最確値を求める。望遠鏡の反（ℓ）の観測値は360°から差し引くことに注意する。

〈点 A の鉛直角の最確値〉

$\{63° 19' 27'' + (360° - 296° 40' 35'')\} \div 2 = 63° 19' 26''$

〈点 B の鉛直角の最確値〉

$\{(360° - 319° 24' 46'') + 40° 35' 12''\} \div 2 = 40° 35' 13''$

高低角は、90°から鉛直角の最確値を引いたものになる。

〈点 A の高低角〉

$90° - 63° 19' 26'' = +26° 40' 34''$

〈点 B の高低角〉

$90° - 40° 35' 13'' = +49° 24' 47''$

高度定数の較差を求めるため、各点の高度定数を求める。望遠鏡の正反の観測値の合計と360°との差が高度定数になる。

〈点 A の高度定数〉

$(63° 19' 27'' + 296° 40' 35'') - 360° = +2''$

〈点 B の高度定数〉

$(319° 24' 46'' + 40° 35' 12'') - 360° = -2''$

最後に高度定数の較差を求める。高度定数の較差とは、一連の観測における高度定数の最大値と最小値の差である。

〈高度定数の較差〉

$+2'' - (-2'') = 4''$

過去問にチャレンジ!

1回目	月 日	2回目	月 日	3回目	月 日

図のとおり、新点Aの標高を求めるため、既知点Bから新点Aに対して高低角 α 及び斜距離 D の観測を行い、表の結果を得た。新点Aの標高は幾らか。最も近いものを次の中から選べ。

ただし、既知点Bの器械高 i_B は1.50m、新点Aの目標高 f_A は1.70m、既知点Bの標高は250.00m、両差は0.10mとする。また、斜距離 D は気象補正、器械定数補正及び反射鏡定数補正が行われているものとする。

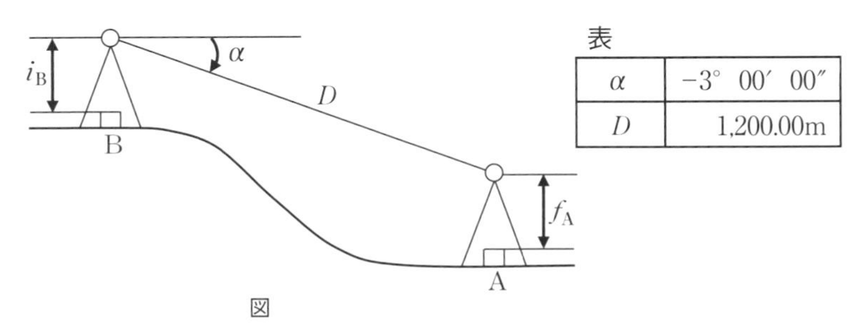

表

α	−3° 00′ 00″
D	1,200.00m

図

1　186.89m

2　186.99m

3　187.09m

4　187.19m

5　187.29m

解答・解説をチェック！

平成 28 年第 5 問（間接水準測量）	正解：3

間接水準測量によって新点の標高を計算する問題である。

既知点に器械を整置し、新点を観測する正方向の間接水準測量であるため、以下の式で新点Aの標高を求めることができる。

$$H_A = H_B + D \times \sin\alpha + i_B - f_A + k$$

式に値を入れ、計算する。

$$\begin{aligned} H_A &= 250.00 + 1{,}200.00 \times \sin -3^\circ 00' 00'' + 1.50 - 1.70 + 0.10 \\ &= 250.00 + (1{,}200.00 \times -0.05234) + 1.50 - 1.70 + 0.10 \\ &= 187.092 \end{aligned}$$

よって、もっとも近いものは肢3である。

ここがポイント！

既知の高さから順々に高さを足し引きしていくことで、新点標高を求めます。また、三角関数を使うときは、図を描いて正しい関数が使えるようにしましょう。

過去問にチャレンジ!

1回目	月　日	2回目	月　日	3回目	月　日

平面直角座標系上において、点Pは、既知点Aから方向角が240° 00′ 00″ 平面距離が200.00mの位置にある。既知点Aの座標値を、X = +500.00m、Y = +100.00mとする場合、点PのX座標及びY座標の値は幾らか。最も近いものを次の中から選べ。

	X座標	Y座標
1	X = + 326.79m、	Y = − 173.21m
2	X = + 326.79m、	Y = 0.00m
3	X = + 400.00m、	Y = − 173.21m
4	X = + 400.00m、	Y = − 73.21m
5	X = + 400.00m、	Y = + 273.21m

ここがポイント!

方向角とは、座標北を基準とした右回りの角度のことです。似ている用語として方位角というものがあります。方位角では真北からの右回りの角度を表します。真北の角度は座標北の角度と異なります。

解答・解説をチェック!

平成 24 年第 7 問（座標計算）	正解：4

観測値から、座標計算により新点の座標値を計算する問題である。

座標の図を書き、内角 60°の直角三角形で考える。

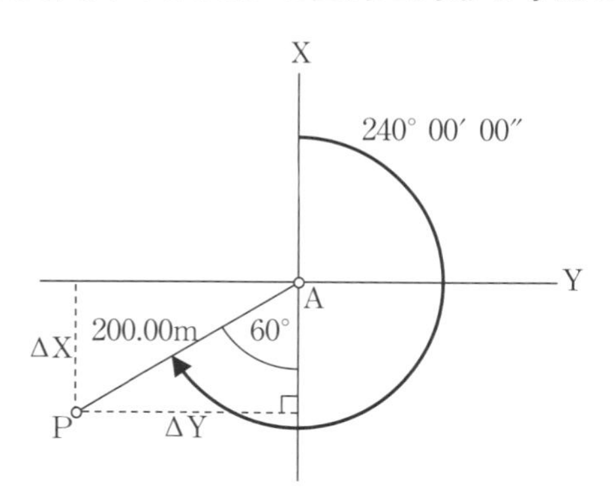

$$
\begin{aligned}
X_P &= X_A - 200 \times \cos 60^\circ \\
&= +500 - 200 \times 0.5 \\
&= +400 \\
Y_P &= Y_A - 200 \times \sin 60^\circ \\
&= 100 - 200 \times 0.86603 \\
&= -73.206
\end{aligned}
$$

よって、もっとも近いものは肢 4 である。

ここがポイント!

測量の座標は縦軸（南北方向）が X 座標になり、横軸（東西方向）が Y 座標になります。

過去問にチャレンジ!

1回目	月　日	2回目	月　日	3回目	月　日

図に示すように、多角測量を実施し、表のとおり、きょう角の観測値を得た。新点(3)における既知点Bの方向角は幾らか。最も近いものを次の中から選べ。

ただし、既知点Aにおける既知点Cの方向角 T_a は320° 16′ 40″ とする。

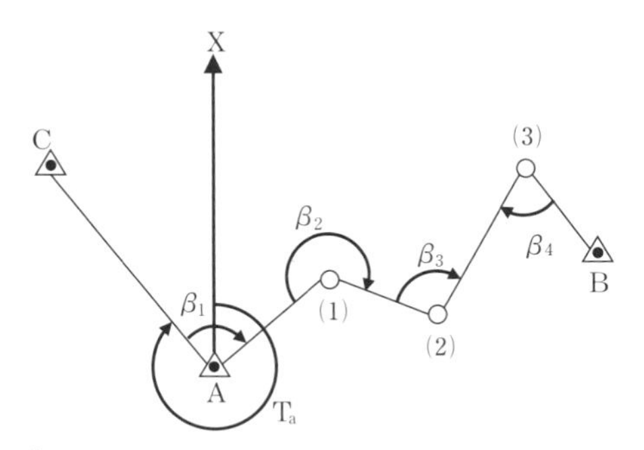

表

きょう角	観測値
β_1	92° 18′ 22″
β_2	246° 35′ 44″
β_3	99° 42′ 04″
β_4	73° 22′ 18″

1　112° 15′ 08″

2　139° 39′ 32″

3　140° 53′ 48″

4　145° 30′ 32″

5　166° 38′ 24″

解答・解説をチェック！

平成 30 年第 6 問（方向角計算）	正解：4

観測値から、方向角を計算する問題である。

〈例〉

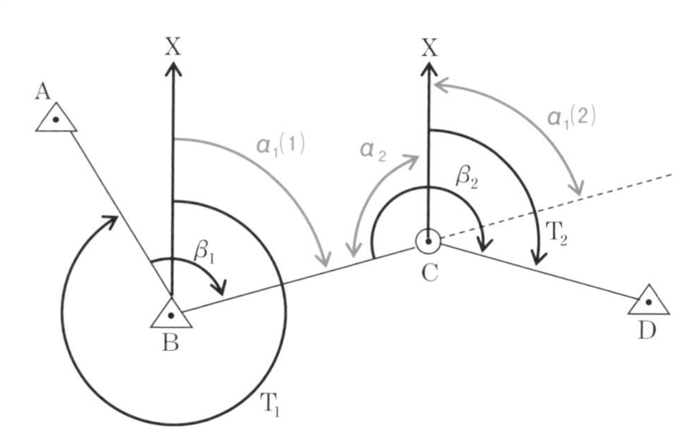

図の T_1 が方向角にあたり、「点 B における点 A の方向角」と呼ぶ。観測された β_1 と β_2 を用いれば、T_2（点 C における点 D の方向角）を知ることができる。

まず、$\alpha_1(1)$は $(T_1 + \beta_1) - 360°$ で求まる。$\alpha_1(1)$を平行に移動したものを$\alpha_1(2)$とする。180° から $\alpha_1(2)$を引いたものがα_2となる。T_2 は$\beta_2 - \alpha_2$ で求めることができる。

このように、間の点の方向角を順次求めていくことで、到着点の方向角を求めることができる。

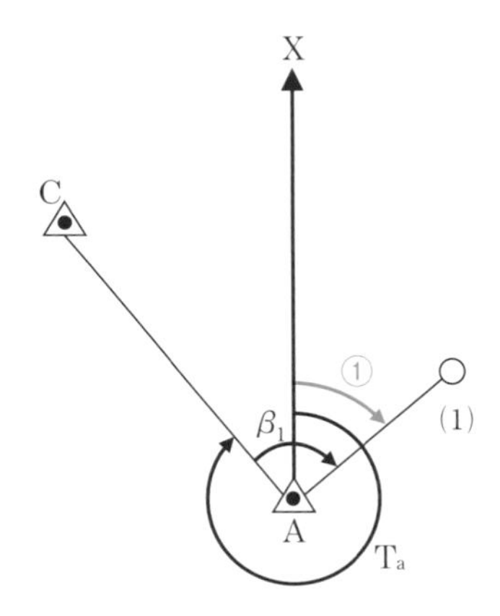

点 A における点(1)の方向角①

① $= T_a + \beta_1 - 360°$

$= 320°\ 16'\ 40'' + 92°\ 18'\ 22'' - 360°$

$= 52°\ 35'\ 2''$

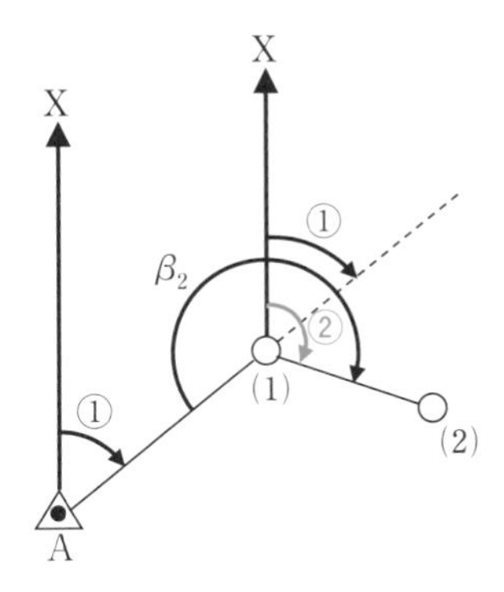

点(1)における点(2)の方向角②

② $=$ ① $+ \beta_2 - 180°$

$= 52°\ 35'\ 2'' + 246°\ 35'\ 44'' - 180°$

$= 119°\ 10'\ 46''$

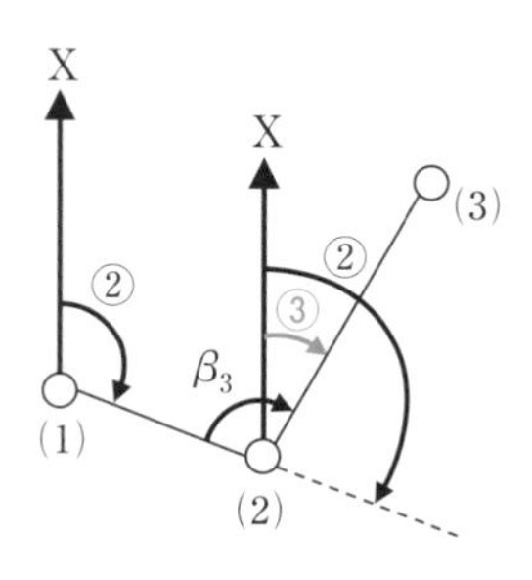

点(2)における点(3)の方向角③

$$③ = ② + \beta_3 - 180°$$
$$= 119° 10' 46'' + 99° 42' 4'' - 180°$$
$$= 38° 52' 50''$$

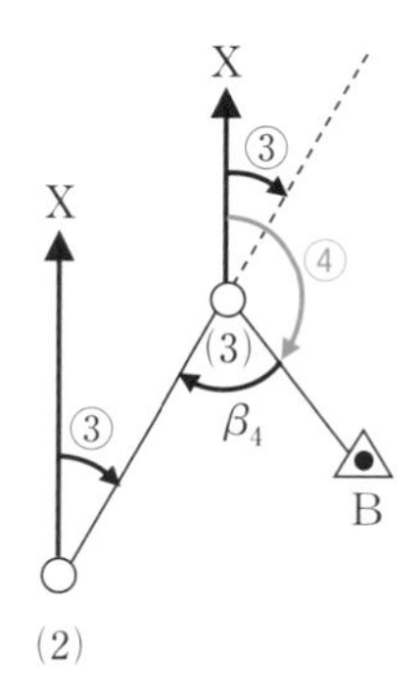

点(3)における点Bの方向角④

$$④ = ③ + 180° - \beta_4$$
$$= 38° 52' 50'' + 180° - 73° 22' 18''$$
$$= 145° 30' 32''$$

よって、もっとも近いものは肢4である。

過去問にチャレンジ!

1回目	月　日	2回目	月　日	3回目	月　日

図のように、既知点Bにおいて、既知点Aを基準方向として新点C方向の水平角を測定しようとしたところ、既知点Bから既知点Aへの視通が確保できなかったため、既知点Aに偏心点Pを設けて、水平角T′、偏心距離e及び偏心角ϕの観測を行い、表の結果を得た。既知点A方向と新点C方向の間の水平角Tはいくらか。最も近いものを次の中から選べ。

ただし、既知点A、B間の距離Sは、2,000mであり、S及び偏心距離eは基準面上の距離に補正されているものとする。また、角度1ラジアンは、$2'' \times 10^5$とする。

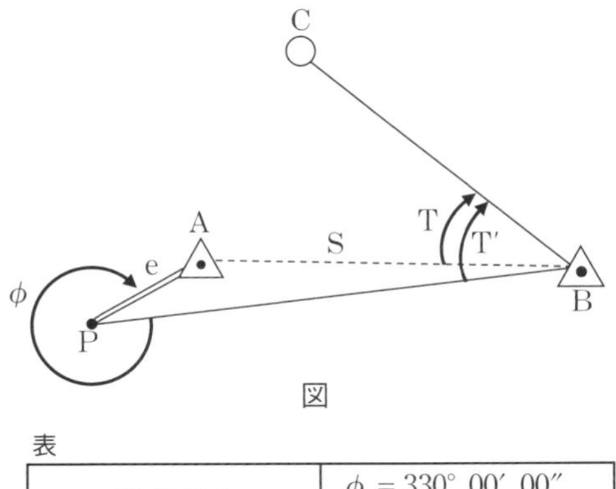

図

表

既知点A	ϕ = 330° 00′ 00″
	e = 4.80m
既知点B	T′ = 45° 37′ 00″

1　45° 24′ 00″　　2　45° 27′ 00″　　3　45° 0′ 00″

4　45° 33′ 00″　　5　45° 36′ 00″

解答・解説をチェック!

平成 26 年第 6 問（偏心補正計算）	正解：4

観測値から、角度の偏心補正計算をする問題である。

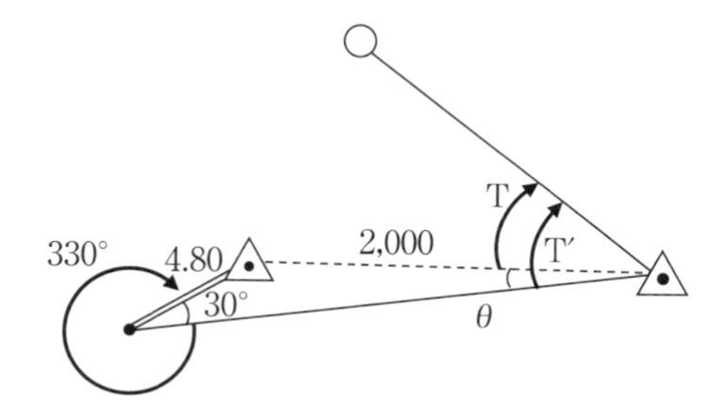

まず、正弦定理により sin θ を求める。

正弦定理から、$\frac{\sin\theta}{e}=\frac{\sin(360^\circ-\phi)}{S}$ となる。

代入すると、以下のようになる。

$$\frac{\sin\theta}{4.8}=\frac{\sin 30^\circ}{2{,}000}=\frac{0.5}{2{,}000}$$

これを、変形する。

$$\sin\theta=0.5\div 2{,}000\times 4.8=0.0012$$

sin θ とラジアンはほぼ等しくなるため、sin θ に ρ ($2''\times 10^5$) をかけると度数法にした θ を求めることができる。

$$\theta=0.0012\times 2''\times 10^5=120\times 2''=240''=4'$$

最後に、T′から θ を差し引くことで、T を計算する。

$$T=45^\circ\ 37'\ 00''-4'=45^\circ\ 33'\ 00''$$

よって、もっとも近いものは肢 4 である。

過去問にチャレンジ!

1回目	月　日	2回目	月　日	3回目	月　日

図に示すように、点Aにおいて、点Bを基準方向として点C方向の水平角θを同じ精度で5回観測し、表に示す観測結果を得た。水平角θの最確値に対する標準偏差は幾らか。最も近いものを次の中から選べ。

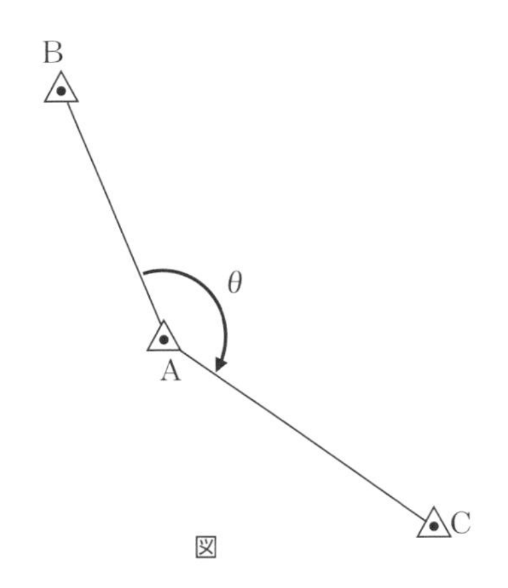

図

表

水平角θの観測結果	
	150° 00′ 07″
	149° 59′ 59″
	149° 59′ 56″
	150° 00′ 05″
	150° 00′ 13″

1　2.4″　　2　3.0″　　3　3.6″　　4　6.0″　　5　6.7″

解答・解説をチェック!

平成 23 年第 4 問（最確値に対する標準偏差）	正解：2

観測値から、標準偏差を計算する問題である。

最確値の標準偏差（M）は以下の式で求められる。n ＝観測回数、v ＝残差とする。残差とは、平均値と各観測値の差をいう。

$$M = \sqrt{\frac{\sum v^2}{n(n-1)}}$$

まずは、観測値の平均値を求める。計算を簡略化するため、150° を基準とした。

$$平均値 = \frac{(7'' + (-1'') + (-4'') + 5'' + 13'')}{5} = 4''$$

つぎに、各観測値の残差（v）を平均値から差し引くことで求める。

観測 $1v = +7'' - 4'' = +3''$

観測 $2v = -1'' - 4'' = -5''$

観測 $3v = -4'' - 4'' = -8''$

観測 $4v = +5'' - 4'' = +1''$

観測 $5v = +13'' - 4'' = +9''$

各観測値の残差を二乗して合計する。

$$\sum v^2 = (+3)^2 + (-5)^2 + (-8)^2 + (+1)^2 + (+9)^2 = 180''$$

標準偏差の式に代入すると下のようになる。

$$M = \sqrt{\frac{180}{5(5-1)}} = \sqrt{\frac{180}{20}} = \sqrt{9} = 3''$$

よって、もっとも近いものは肢 2 である。

GNSS測量

1. GNSSによる基準点測量
2. 作業工程
3. GNSS測量の種類
4. GNSS測量における注意点
5. 基線ベクトル
6. セミ・ダイナミック補正
7. 計算問題

GNSS測量とは、汎地球測位システム（Global Navigation Satellite System）測量のことで、上空の人工衛星から発信された電波をGNSS測量機で受信し、解析することで地上の位置を決定する衛星測位システムを用いた測量方法のことです。トータルステーションを用いた多角測量との違いに注意しましょう。

1 GNSSによる基準点測量①

◎重要部分をマスター!

トータルステーションを用いるのと同様に、GNSSでも基準点測量をおこなうことができる。測量士補試験ではGNSSの特徴やトータルステーションを用いた多角測量との違いが出題される。

(1) 仕組み

GNSS測量では、観測機械としてGNSS測量機を用いる。これは人工衛星（GPS、GLONASS、準天頂衛星システムなど）の電波を受信するためのアンテナと受信機である。

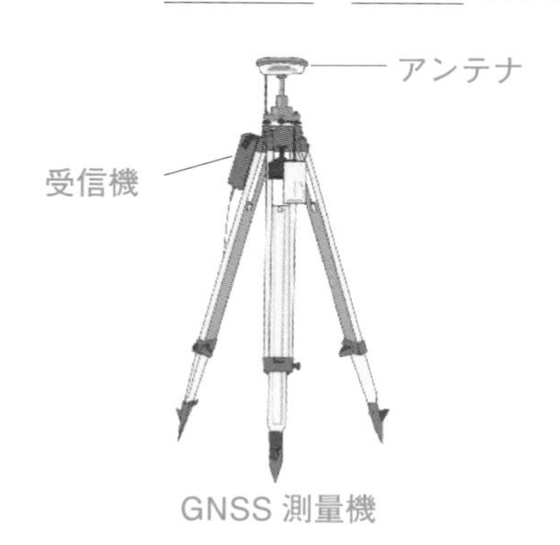

GNSS測量機

このGNSS測量機を既知点と新点に整置することで、点間の基線ベクトル（三次元X・Y・Z軸による距離・方向・比高）を解析する。この基線ベクトルをもとに、新点の座標値を明らかにする。衛星の電波信号から基線ベクトルを求めることを基線解析といい、その結果はFIX解（整数値）を用いる。

過去問にチャレンジ!

1回目	月　日	2回目	月　日	3回目	月　日

選択肢を○×で答えてみよう！

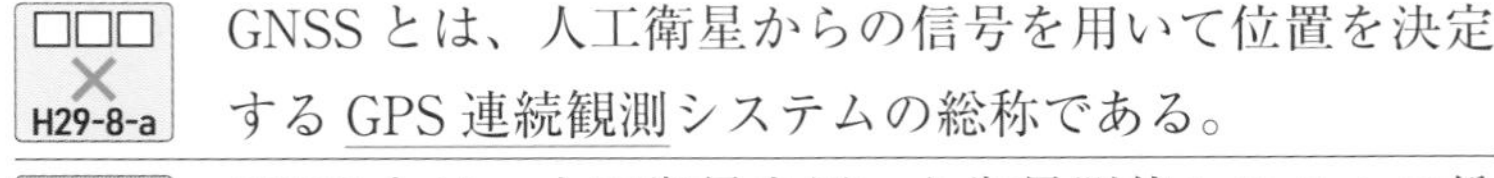

□□□ × H29-8-a　GNSSとは、人工衛星からの信号を用いて位置を決定するGPS連続観測システムの総称である。

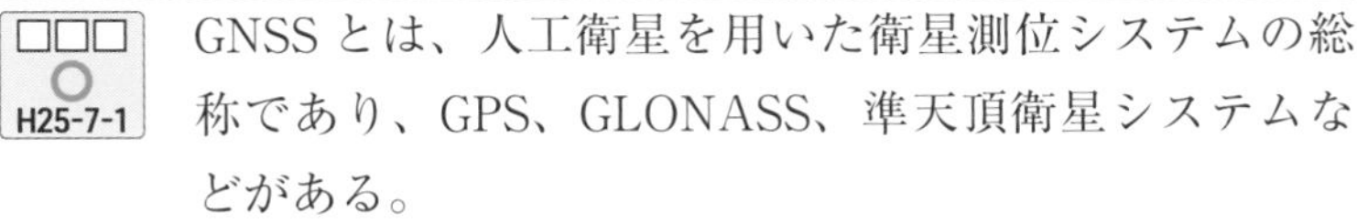

□□□ ○ H25-7-1　GNSSとは、人工衛星を用いた衛星測位システムの総称であり、GPS、GLONASS、準天頂衛星システムなどがある。

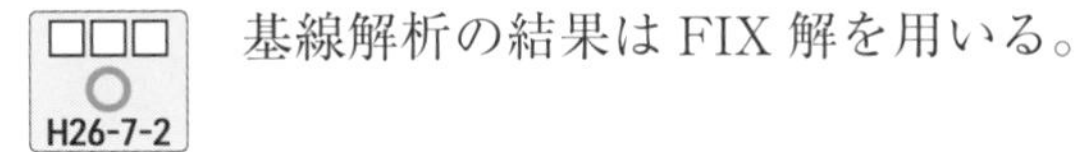

□□□ ○ H26-7-2　基線解析の結果はFIX解を用いる。

ここがポイント!

基線ベクトルは、既知点と新点の衛星電波到達のズレを基線解析することで求まります。このとき、点の位置がしっかりと決定していないと正しい基線解析をすることができません。点の位置が未確定の状態をフロート解といい、完全に位置が確定した状態をFIX解といいます。

1 GNSSによる基準点測量②

⑵ トータルステーションとの違い

トータルステーションによる多角測量と異なり、点から点を直接視準する必要がないため、観測点間の視通がなくても点間距離と方向を求めることができる。

また、観測に光波を用いないため、霧や弱い雨にほとんど影響されずに観測をおこなうことができる。

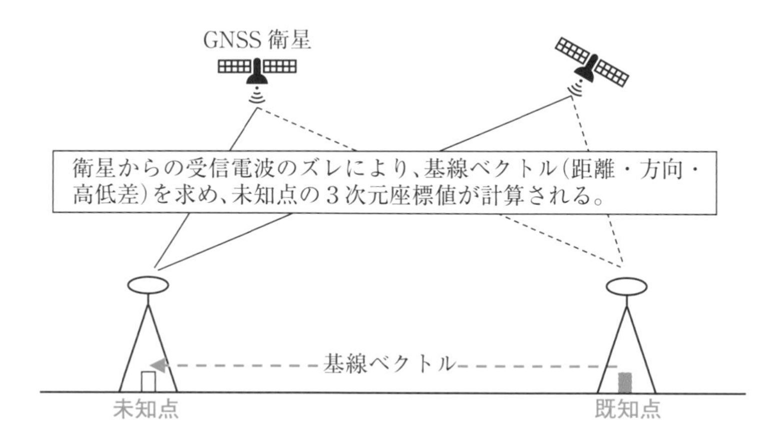

ここがポイント!

GNSS測量であっても、１点だけの位置を求めることはできません。トータルステーションによる多角測量と同様、点間の相対的な位置関係（距離と方向）を求めることになります。

過去問にチャレンジ!

1回目	月　日	2回目	月　日	3回目	月　日

選択肢を○×で答えてみよう！

□□□ × R02-8-c
GNSS 測量では、観測点上空の視界が確保できなくても観測できる。

□□□ ○ H25-7-3
GNSS 測量では、観測点間の視通がなくとも観測点間の距離と方向を求めることができる。

□□□ ○ H25-15-1
公共測量における地形測量のうち、GNSS 測量機を用いた細部測量では、既知点からの視通がなくても位置を求めることができる。

□□□ ○ H25-15-3
公共測量における地形測量のうち、GNSS 測量機を用いた細部測量では、霧や弱い雨に影響されずに観測することができる。

ここがポイント!

GNSS 測量の特徴は、「GNSS 測量」の分野だけでなく、第5章「地形測量」の分野における GNSS 測量機を用いた測量でも出題されます。どちらも出題されるポイントは同じです。

2 作業工程

◎重要部分をマスター！

GNSSによる基準点測量の作業工程は、多角測量と同様である。

ただし、選点の工程においては、新点を設置する予定位置の上空視界の状況確認が必要など、GNSS測量特有の問題もある。

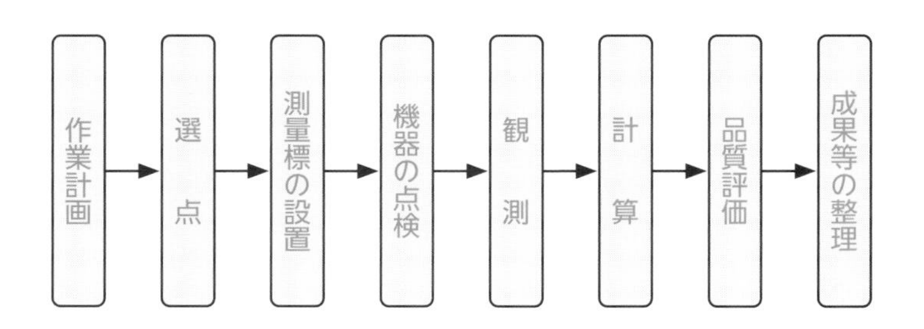

3 GNSS測量の種類①

◎重要部分をマスター！

GNSS測量は以下のように分類することができる。

- 単独測位
- 相対測位
  - DGNSS
  - 干渉測位
    - スタティック法
    - 短縮スタティック法
    - キネマティック法
    - RTK法
    - ネットワーク型RTK法

単独測位やDGNSSは精度が悪いため、測量に使用できるのは干渉測位方式のみである。

過去問にチャレンジ!

1回目	月　日	2回目	月　日	3回目	月　日

選択肢を○×で答えてみよう！

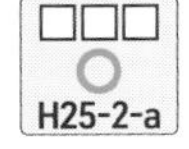

A市の基準点測量において、GNSS測量でA市のある学校に新点を設置することになったが、生徒が校庭を安全に使用できるように、新点を校舎の屋上に設置した。

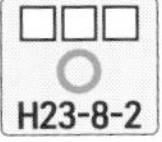

選点の工程において、現地に赴き新点を設置する予定位置の上空視界の状況確認などを行い、測量標の設置許可を得た上で新点の設置位置を確定し、選点図を作成した。さらに選点図に基づき、新点の精度などを考慮して平均図を作成した。

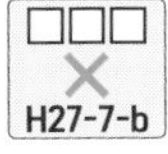

基準点測量において、GNSS観測は、単独測位方式で行う。

ここがポイント!

GNSS測量には様々な種類がありますが、測量には高い精度が求められるため、干渉測位方式しか使うことができません。また、測量にも1級から4級まで、精度ごとに等級があり、1級がもっとも高い精度を求められます。高い精度が求められる1～2級基準点測量では、干渉測位方式の中でももっとも精度が高い、スタティック法のみを使用することができます。

3 GNSS測量の種類②

(1) スタティック法

スタティック法とは、既知点と新点の複数の観測点にGNSS測量機を整置し、同時に4衛星以上の信号を受信し、基線解析をすることで観測点間の基線ベクトルを求める観測法である。GNSS測量の種類の中でもっとも精度が高い方法がスタティック法であり、1～2級基準点測量ではスタティック法しか使用することができない。

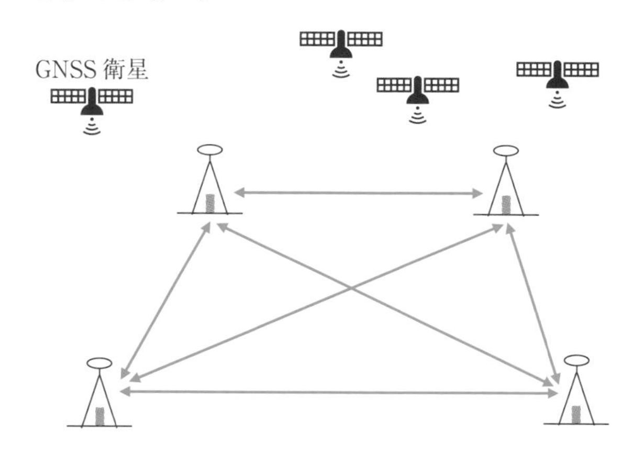

(2) 短縮スタティック法

短縮スタティック法とは、高速スタティック法とも呼ばれ、スタティック法と同様にGNSS測量機を整置するが、観測時間の短縮のため、基線解析において衛星を多く組み合わせるなどの処理をし、観測点間の基線ベクトルを求める観測法である。3～4級基準点測量でしか使えない。

過去問にチャレンジ!

1回目	月　日	2回目	月　日	3回目	月　日

選択肢を○×で答えてみよう！

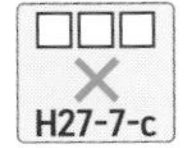

スタティック法による観測において、GPS衛星のみを用いる場合は3衛星以上を用いなければならない。

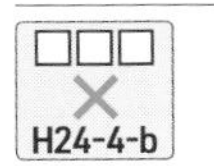

1級基準点測量において、GNSS観測は、単独測位方式で行う。スタティック法による観測距離が10km未満の観測において、GPS衛星のみを使用する場合は、同時に4衛星以上の受信データを使用して基線解析を行う。

ここがポイント!

GNSS測量で使用する衛星の数がよく出題されます。スタティック法で必要な「4衛星以上」というのが、もっとも少ない数ですので、これ未満の選択肢はすべて誤りになります。

また、スタティック法の特徴として、基準点の数だけGNSS測量機が必要になることが挙げられます。簡易版のスタティック法である短縮スタティック法であっても、基準点の数だけGNSS測量機が必要になりますので、注意しましょう。

3 GNSS測量の種類③

(3) キネマティック法

キネマティック法とは、既知点にGNSS測量機を固定し連続して観測をおこない、他方のGNSS測量機を複数の新点に順次移動しながら各点で観測をおこない、観測後に基線解析をすることで既知点と新点間の基線ベクトルを求める観測法である。

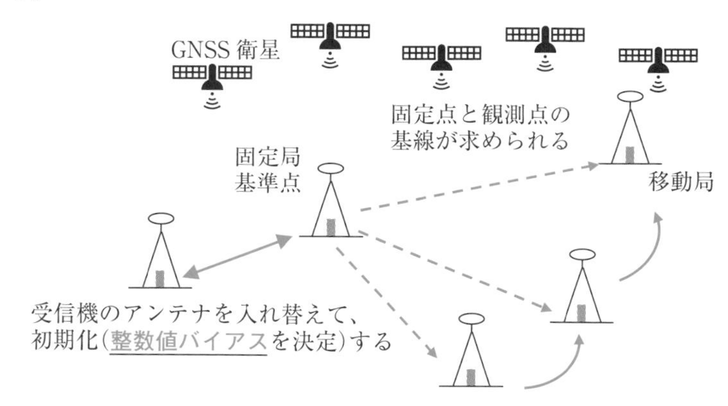

(4) RTK法

リアルタイムキネマティック法のことで、キネマティック法と同様にGNSS測量機を配置するが、移動観測時に観測データを小電力無線機などで固定観測点に送ることで、リアルタイムに基線解析をすることができる観測法である。

(5) ネットワーク型RTK法

電子基準点のリアルタイムデータ配信業者が算出し配信している補正データを小電力無線機などにより移動観測点で受信することにより、リアルタイムに基線解析をすることができる観測法である。

過去問にチャレンジ!

1回目	月　日	2回目	月　日	3回目	月　日

選択肢を○×で答えてみよう！

□□□ ○ H24-13-5
公共測量におけるRTK法による地形測量では、小電力無線機などを利用して観測データを送受信することにより、基線解析がリアルタイムで行える。

□□□ × H25-15-4
ネットワーク型RTK法による場合は、上空視界が確保できない場所でも観測することができる。

□□□ ○ H25-15-5
ネットワーク型RTK法の単点観測法では、1台のGNSS測量機で位置を求めることができる。

ここがポイント!

リアルタイムデータ配信業者とは、国土地理院から提供を受けた電子基準点のリアルタイムデータを公共に配信する業者であり、公益社団法人日本測量協会が選定されています。リアルタイムデータは測量だけでなく、位置情報サービスや地球物理学などに関する調査・研究に広く使われています。

既知点のデータをリアルタイムデータ配信業者から得ることができるため、ネットワーク型RTK法では固定観測点を必要としません。そのため、GNSS測量機1機での観測作業が可能です。

4 GNSS測量における注意点①

重要部分をマスター！

GNSS測量においても、多角測量と同様、誤差を消去・軽減するための観測上の注意事項がある。

(1) GNSS測量機の注意点

ア　上空視界

GNSS測量機は衛星からの電波を受信する必要があるため、上空視界を妨げるような障害物のある場所では観測をすることができない。

イ　電波障害

観測点の近くに強い電波を発する物体（高圧線・テレビ電波塔・レーダー・通信局）があると、電波障害を起こし、観測精度が低下することがある。また、エンジンがかかっている自動車も電波を発生させる。トータルステーションと比較すると気象要素の影響は少なく、観測点での気温や気圧の気象測定は実施も不要だが、雷は電波を発生させるため注意が必要である。

ウ　マルチパス

観測点の近くに金属製品や高層建築物などがある場合は、マルチパス（多重反射）を生じる可能性がある。これは、衛星から直接到達する電波以外に電波が構造物などに当たって反射したものが受信される現象のことで、雑電波となり誤差の原因となる。仰角（ぎょうかく）の低いGNSS衛星を使用すると、マルチパスの影響を受けやすいため、観測精度が低下することがある。

過去問にチャレンジ!

1回目	月　日	2回目	月　日	3回目	月　日

選択肢を○×で答えてみよう！

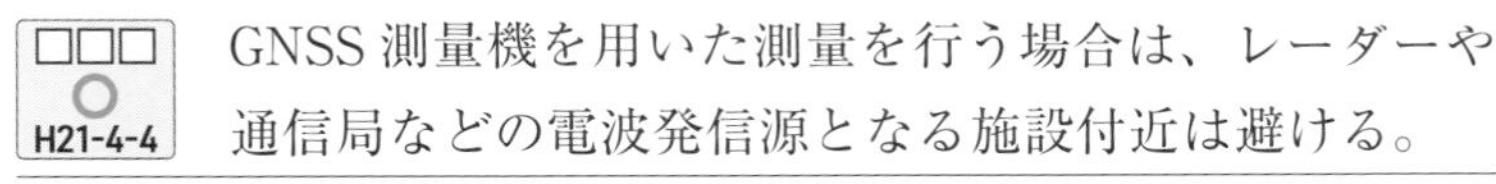

□□□ ○ H21-4-4
GNSS測量機を用いた測量を行う場合は、レーダーや通信局などの電波発信源となる施設付近は避ける。

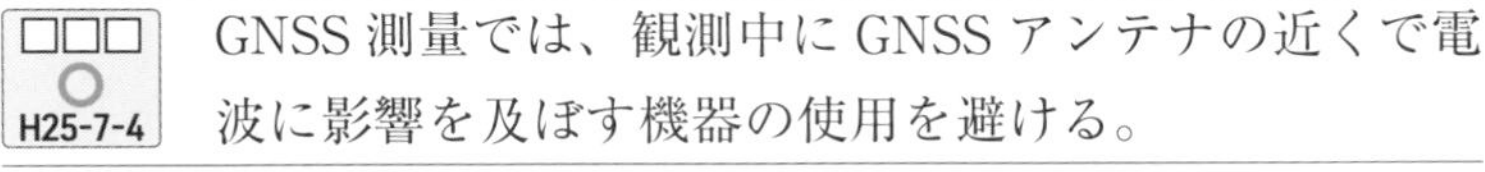

□□□ ○ H25-7-4
GNSS測量では、観測中にGNSSアンテナの近くで電波に影響を及ぼす機器の使用を避ける。

□□□ ○ H26-7-5
電波発信源の近傍での観測は避ける。

□□□ × H23-8-4
観測準備中に、GNSS測量機のバッテリー不良が判明したため、自動車を観測点の近傍に駐車させ、自動車から電源を確保して観測を行った。

□□□ ○ H24-5-4
GNSS測量においては、観測点で気温や気圧の気象測定は実施しなくてもよい。

□□□ × H30-9-エ
GNSS衛星から直接到達する電波以外に電波が構造物などに当たって反射したものが受信される現象であるサイクルスリップによる誤差は、ネットワーク型RTK法によっても補正できないので、選点に当たっては、周辺に構造物などが無い場所を選ぶなどの注意が必要である。

□□□ ○ H27-8-3
仰角の低いGNSS衛星を使用すると、多重反射（マルチパス）などの影響を受けやすいため、観測精度が低下することがある。

4 GNSS測量における注意点②

エ　アンテナ

アンテナの位相特性による誤差の軽減のため、アンテナの向きは各点でそろえて整置する。また、衛星からの電波を受信するのはGNSS測量機のアンテナ部分であるため、アンテナから測点までの高さはミリメートル単位で計測しておく必要がある。

スタティック法と短縮スタティック法では、アンテナの位相特性を補正するため、原則としてPCV補正（機種ごとに異なる電波の入射角によるアンテナの受信高の誤差を補正）をおこなう。

ここがポイント!

構造上、GNSS衛星からの電波の入射角によってアンテナの受信位置（高さ）が変化することをアンテナの位相特性といいます。これはアンテナの機種ごとに異なります。

また、GNSS測量機のアンテナは、各点で向きをそろえる必要がありますが、高さをそろえる必要はまったくありません。

オ　時計

GNSS測量機に内蔵されている受信機時計は、GNSS衛星に搭載されている衛星時計と比較すると精度が低い。そのため、GNSS衛星とGNSS測量機の時計の違いにより生じる時計誤差が生まれる可能性があるが、これは、基線解析を行うことで消去することができる。

過去問にチャレンジ!

1回目	月　日	2回目	月　日	3回目	月　日

選択肢を○×で答えてみよう!

□□□ × H29-8-オ
GNSSアンテナの向きをそろえて整置することで、マルチパスの影響を軽減することができる。

□□□ ○ H27-8-5
同一機種のGNSSアンテナでは、向きをそろえて整置することにより、アンテナの特性による誤差を軽減できる。

□□□ ○ H26-7-1
スタティック法及び短縮スタティック法による基線解析では、原則としてPCV補正を行う。

□□□ × H22-4-1
短縮スタティック法による基線解析では、PCV補正を行う必要はない。

□□□ ○ H28-8-2
GNSS衛星とGNSS測量機の時計の違いにより生じる時計誤差は、基線解析を行うことで消去することができる。

〔　〕に何が入るか考えてみよう!

□□□ R04-8-イ
干渉測位では、共通の衛星について2点間の搬送波位相の差を取ることで、〔A. 衛星時計〕誤差が消去された一重位相差を求める。さらに、2衛星についての一重位相差の差を取ることで〔A. 衛星時計〕誤差に加え〔B. 受信機時計〕誤差が消去された二重位相差を得る。これらを含めた基線解析により、基線ベクトルを求める。

4 GNSS測量における注意点③

(2) 衛星測位システム

電波を発信する衛星（GNSS衛星）には、アメリカのGPSをはじめ、日本の準天頂衛星（QZS）やロシアのGLONASS、EUのGalileoがある。

各観測法で使用する衛星は下の表のようになっている。

	スタティック法	スタティック法以外
GPS・準天頂衛星	4衛星以上	5衛星以上
GPS・準天頂衛星および GLONASS衛星	5衛星以上（GPS・準天頂衛星およびGLONASS衛星を、それぞれ2衛星以上を用いる）	6衛星以上（GPS・準天頂衛星およびGLONASS衛星を、それぞれ2衛星以上を用いる）

ア 準天頂衛星

GPSが地球全体をカバーするように地球を周回するのに対し、準天頂衛星は日本を中心としたアジア・オセアニア地域での利用に特化した軌道を持つ。

準天頂衛星の軌道は南北非対称の8の字となり、北半球に約13時間、南半球に約11時間留まり、日本付近に長く留まるよう設計されている。

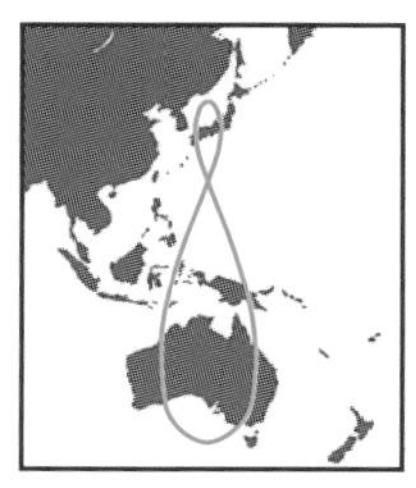

過去問にチャレンジ!

1回目	月　日	2回目	月　日	3回目	月　日

選択肢を○×で答えてみよう！

□□□ ○ H30-8-1　衛星測位システムには、準天頂衛星システム以外にGPS、GLONASS、Galileo などがある。

□□□ × H26-14-b　キネマティック法又はRTK法によるTS点の設置で、GPS衛星のみで観測を行う場合、使用する衛星数は4衛星以上とし、セット内の観測回数はFIX解を得てから10エポック以上を標準とする。

□□□ × H27-13-5　キネマティック法又はRTK法による地形、地物等の測定において、GLONASS衛星を用いて観測する場合は、GPS衛星は使用しない。

□□□ × H30-8-4　準天頂衛星は、約12時間で軌道を1周する。

□□□ ○ R01-8-5　準天頂衛星システムの準天頂軌道は、地上へ垂直に投影すると8の字を描く。

□□□ × H30-8-5　準天頂衛星の測位信号は、東南アジア、オセアニア地域では受信できない。

4 GNSS測量における注意点④

イ　衛星の配置

衛星からアンテナまでの距離の誤差が観測位置に与える影響を少なくするため、衛星は上空に可能な限り広がり、片寄らない配置であることが望ましい。そのため、事前に衛星の飛来情報（軌道情報・配置情報）を確認しておくことが重要となる。

ウ　電離層と対流圏

電離層や対流圏を通る際に速度が変化することで誤差（伝搬遅延誤差）が発生する。仰角が低い衛星を使用すると横断距離が長くなるため、電離層と対流圏による誤差が増大する。

電離層の影響は特に10km以上の長距離基線の場合に影響があるため、周波数の異なる２周波（L1帯とL2帯）を受信できるGNSS受信機を使用し、２周波で基線解析をおこなう必要がある。

一方、対流圏の影響は周波数に依存せず、２周波の観測により軽減することができない。そのため、基線解析ソフトウェアで採用している標準値を用いて近似的に補正をおこなう。ネットワーク型RTK法では、基準局の観測データから作られる補正量などを取得し解析処理をおこなうことで軽減ができる。

(3)　電子基準点の注意点

GNSS衛星からの電波を24時間受信して位置情報を観測する基準点を電子基準点という。電子基準点もGNSS測量機のアンテナと同様、衛星からの電波を受信していないと、正確な位置を示すことができない。そのため、電子基準点を既知点として使用する場合は、事前に電子基準点の稼働状況を確認しておく必要がある。

過去問にチャレンジ!

1回目	月　日	2回目	月　日	3回目	月　日

選択肢を○×で答えてみよう！

□□□ ○ H27-8-1　GNSS衛星の配置が片寄った時間帯に観測すると、観測精度が低下することがある。

□□□ × H29-8-b　GNSS測量の基線解析を行うには、GNSS衛星の品質情報が必要である。

□□□ × H24-5-5　上空視界が十分に確保できている場合は、基線解析を実施する際にGNSS衛星の軌道情報は必要ではない。

□□□ ○ H28-8-3　仰角の低いGNSS衛星を使用すると、対流圏の影響による誤差が増大する。

□□□ × H30-9-ア　対流圏遅延誤差は周波数に依存するため、2周波の観測により軽減することができる。特に、10kmより長い基線の観測では、2周波を受信できるGNSS測量機を使う必要がある。

□□□ × H30-9-ウ　キネマティック法では、電子基準点の観測データから作られる補正量などを取得し、解析処理を行うことで、対流圏遅延誤差を軽減している。

□□□ ○ H24-5-2　電子基準点を既知点として使用する場合は、事前に電子基準点の稼動情報を確認する。

5 基線ベクトル

◎重要部分をマスター!

GNSS 測量で観測される基線ベクトルは、点間の相対的な位置関係である。GNSS 測量による1～2級基準点測量では、多角測量と同様、原則として結合多角方式によりおこなうものとする。

また、致心直交座標に基づくため、直接求められる高さは楕円体高となり、国土地理院が提供するジオイドモデルより求めたジオイド高を引く（補正する）ことで標高を計算することができる。

•点検方法

同一時間に複数の GNSS 測量機によっておこなわれる観測のことをセッションという。GNSS 測量の点検は、同じ観測点間の基線ベクトルを重複して観測し、その較差（こうさ）を比較すること、異なるセッションにより形成された多角形の基線ベクトルの総和（環閉合差）が0（ゼロ）に近くなっているかを確かめることでおこなう。

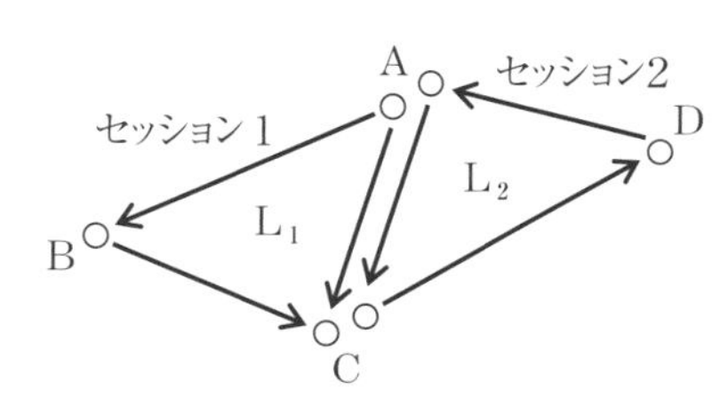

過去問にチャレンジ!

1回目	月　日	2回目	月　日	3回目	月　日

選択肢を○×で答えてみよう！

□□□ × H27-7-e

GNSS 測量による1級基準点測量は、原則として、単路線方式により行う。

□□□ ○ H25-15-2

標高を求める場合は、ジオイド高を補正して求める。

□□□ ○ H27-13-3

ネットワーク型 RTK 法によって地形、地物等の標高を求める場合は、国土地理院が提供するジオイドモデルにより求めたジオイド高を補正して求める。

□□□ ○ H23-8-5

公共測量における GNSS 測量機を用いた1級及び2級基準点測量において、観測後に点検計算を行ったところ、環閉合差について許容範囲を超過したため、再測を行った。

6 セミ・ダイナミック補正

◎重要部分をマスター！

日本列島は4つのプレートがぶつかり合うプレート境界に位置しているため、プレート運動による定常的な地殻変動により、各種測量の基準となる基準点の相対的な位置関係が徐々に変化し、基準点網のひずみとして蓄積していくことになる。

測量地域の近傍にある基準点を既知点として、新点となる基準点を設置する場合は実用上の問題はなかったが、GNSSを利用した測量の導入に伴い、基準点を新たに設置する際に遠距離にある電子基準点を既知点として用いる場合、地殻変動によるひずみの影響を考慮しないと、近傍の基準点の測量成果との間に不整合が生じることになった。

地殻変動による位置関係の変化を補正するために定期的に全国にある測量成果を改定すると、膨大な手間と費用がかかるため、現実的ではない。そこで、地殻変動補正パラメータファイルを使用したセミ・ダイナミック補正を行い、測量を実施した今期（こんき）の観測結果から、「測地成果2011」の元期（げんき）において得られたであろう測量成果を高精度に求めることで、既存の基準点の成果を改定することなく、現行の成果をそのまま安定して利用することができるようになった。

過去問にチャレンジ!

1回目	月　日	2回目	月　日	3回目	月　日

選択肢を○×で答えてみよう!

セミ・ダイナミック補正とは、プレート運動に伴う突発的な地殻変動による基準点間のひずみの影響を補正するものである。

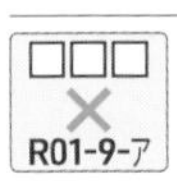

プレート境界に位置する我が国においては、プレート運動に伴う地盤沈下により、基準点の相対的な位置関係が徐々に変化し、基準点網のひずみとして蓄積していくことになる。

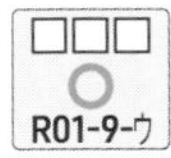

セミ・ダイナミック補正では、測量成果の位置情報の基準日である元期から新たに測量を実施した今期までのひずみの補正を行う必要がある。

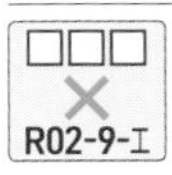

地殻変動による平均のひずみ速度を約0.2ppm/yearと仮定した場合、電子基準点の平均的な間隔が約25kmであるため、電子基準点間には10年間で約20mmの相対的な位置関係の変化が生じる。

ここがポイント!

1年間あたり0.2ppm（0.00002％）の変動があるため、25km＝25,000,000mmの場合、1年間の変動量は、25,000,000×0.00002÷100＝5mmとなります。そのため、10年間で約50mmの相対的な位置関係の変化が生じることになります。

7 計算問題（GNSS測量）

重要部分をマスター!

GNSS 測量の分野では、①２点間の三次元上の斜距離を計算する「基線ベクトル」、②「セミ・ダイナミック補正」がそれぞれ計算問題として出題されます。

(1) 基線ベクトル

XY の平面での２点間の斜距離をピタゴラスの定理で計算し、この斜距離と Z（比高）を使ったピタゴラスの定理をもう１度解くことで、最終的な三次元上での斜距離を導きます。

〈ピタゴラスの定理〉

直角三角形は、**２つの短辺**の２乗の合計が、**長辺**の２乗に等しくなります。

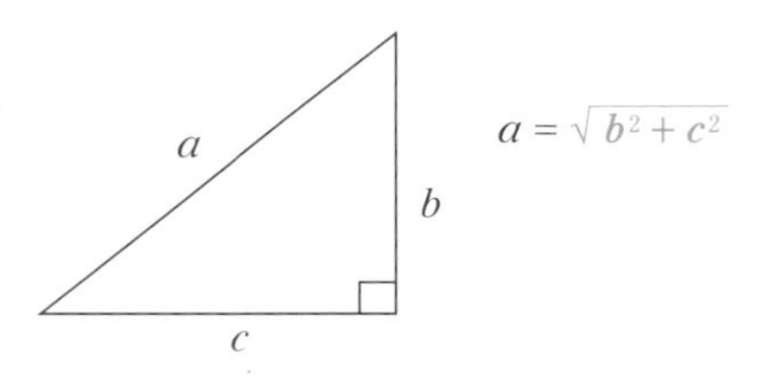

ここがポイント!

基準となる点の座標を（0, 0, 0）とすると、他の座標値は基線ベクトル成分の値と同じになります。

(2) セミ・ダイナミック補正

地殻変動補正パラメータを使って、元期における基準点の座標値を今期に補正し、今期の観測により求められた新点の座標値を、元期における座標値に補正します。

過去問にチャレンジ!

1回目	月　日	2回目	月　日	3回目	月　日

GNSS 測量機を用いた基準点測量を行い、基線解析により基準点 A から基準点 B、基準点 A から基準点 C までの基線ベクトルを得た。表は、地心直交座標系（平成 14 年国土交通省告示第 185 号）における X 軸、Y 軸、Z 軸方向について、それぞれの基線ベクトル成分（ΔX, ΔY, ΔZ）を示したものである。基準点 B から基準点 C までの斜距離は幾らか。最も近いものを次の中から選べ。

表

区間	基線ベクトル成分		
	Δ X	Δ Y	Δ Z
A → B	＋ 400.000m	− 200.000m	＋ 100.000m
A → C	＋ 100.000m	＋ 200.000m	− 500.000m

1　640.312m
2　670.820m
3　754.983m
4　781.025m
5　877.496m

解答・解説をチェック！

平成 29 年第 9 問（基線ベクトル）	正解：4

観測値から、基線ベクトルを計算する問題である。

基準となる点 A の座標を（0, 0, 0）とすると、他の座標値は基線ベクトル成分の値と同じになる。つまり、点 B は（+400, −200, +100）、点 C は（+100, +200, −500）となる。

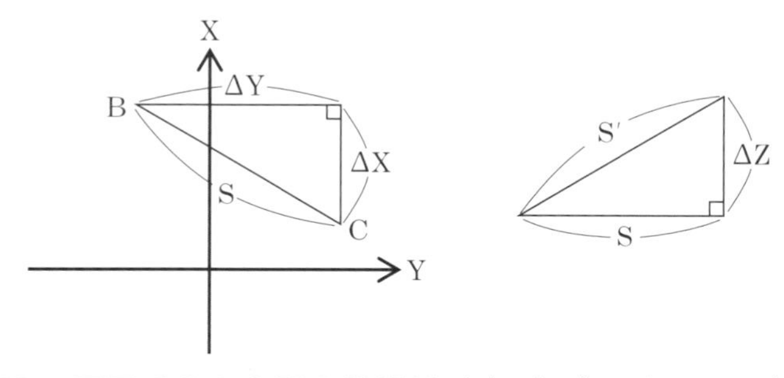

XY の平面での２点間の斜距離（S）をピタゴラスの定理で計算する。座標値を 1/100 にすることで、計算を簡略化することができる。

$S=\sqrt{3^2+4^2}=\sqrt{25}$

S と Z の比高を使ったピタゴラスの定理を解くことで、最終的な三次元上での斜距離（S′）を計算する。

$S'=\sqrt{S^2+6^2}=\sqrt{25+36}=\sqrt{61}=7.81025$

最後に、S′× 100 をする。

$7.81025\times100=781.025\text{m}$

よって、もっとも近いものは肢 4 である。

過去問にチャレンジ!

1回目	月　日	2回目	月　日	3回目	月　日

電子基準点Aを既知点とし、新点CのY座標値を求めたい。元期における電子基準点AのY座標値、観測された電子基準点Aから新点Cまでの基線ベクトルのY成分、観測時点で使用するべき地殻変動補正パラメータから求めた各点の補正量がそれぞれ表1、2、3のとおり与えられるとき、元期における新点CのY座標値は幾らか。最も近いものを次の中から選べ。

表1

名称	元期におけるY座標値
電子基準点A	0.000 m

表2

基線	基線ベクトルのY成分
A → C	+ 15,000.040 m

表3

名称	地殻変動補正パラメータから求めた Y方向の補正量（元期→今期）
電子基準点A	− 0.030 m
新点C	0.030 m

1　14,999.980m
2　15,000.010m
3　15,000.040m
4　15,000.070m
5　15,000.100m

解答・解説をチェック!

令和３年第９問（セミ・ダイナミック補正）	正解：１

地殻変動補正パラメータを用いたセミ・ダイナミック補正によって、新点の元期の座標値を計算する問題である。

元期における基準点の座標値 補正→ 今期における基準点の座標値

↓観測

元期における新点の座標値 補正← 今期における新点の座標値

Ａの元期におけるＹ座標値は、表１から 0.000m となる。これは、「測地成果 2011」当時の座標値であるため、表３の元期→今期の地殻変動補正パラメータ－ 0.030m を加え、今期のＹ座標値に補正する。

$$0.000 + (-0.030) = -0.030\text{m}$$

今期のＡからＣへの基線ベクトルのＹ成分は、表２から＋15,000.040m である。これを今期のＡに加え、今期のＣのＹ座標値を求める。

$$-0.030 + 15{,}000.040 = 15{,}000.010\text{m}$$

これは今期のＣの座標値であるため、表３の元期→今期の地殻変動補正パラメータ 0.030m を引くことで、元期のＹ座標値に補正する。

$$15{,}000.010 - 0.030 = 14{,}999.980$$

よって、もっとも近いものは肢１である。

水準測量

水準測量は、標高を精密に観測する基準点測量の１つです。測量士補試験では、測量器械のレベルと標尺を用いて高低差を観測する直接水準測量について出題されます。

0 水準測量の仕組み

◎勉強前のワンポイント!

水準測量の仕組みについて直接出題されることはありませんが、どのような仕組みで高さを測るのかを知っておくと、学習がスムーズになります。

水準測量では、レベルと標尺を使用しますが、標尺は対になった２本を使用します。

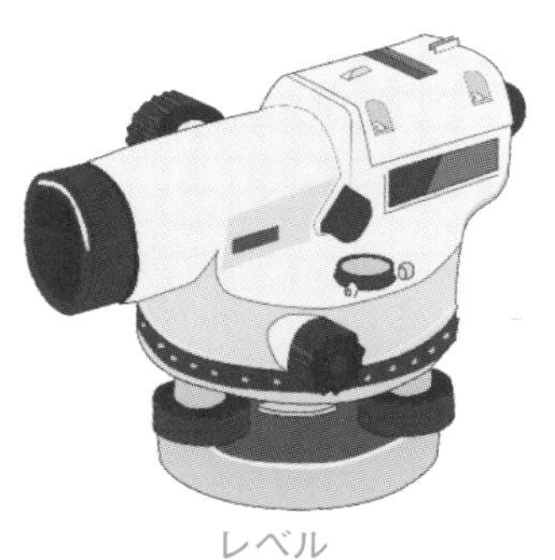

レベル

標尺
（左が通常の標尺、右がバーコード標尺）

既知点と新点に標尺を立て、それぞれの目盛を水平に固定したレベルを用いて読定します。読定とは、標尺の目盛りを読むことです。

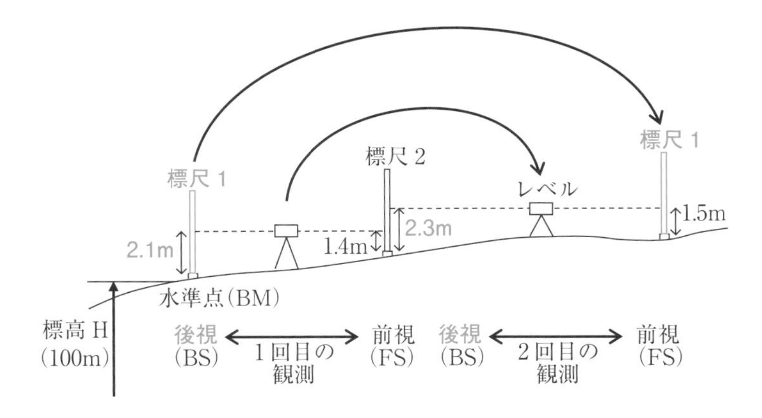

既知点の方向の読定を「後視(BS)」、新点の方向の読定を「前視(FS)」といいます。後視の値から前視の値を差し引くことで、2点間の高低差（比高）を求めることができます。

後視に使った標尺を次の観測で前視に使うことにより、順次に高低差を求め、これを繰り返すことで、離れた2点間の高低差を観測することができます。

連続した区間のことを路線といい、水準観測では、観測成果の良否を判定するため、路線を往復する往復観測がおこなわれます。

地球の重力は、赤道でもっとも小さく、両極でもっとも大きくなるため、同一の水準面であっても観測場所によって観測値（ジオイド面から各水準点までの比高）に違いが生じます。そのため、1～2級水準測量では、標準的な重力値（正規重力値）によって観測値を補正する「正規正標高補正計算（楕円補正）」をします。なお、1級水準測量では、観測された重力値を用いてより正確に補正した「正標高」を用いた「正標高補正計算」をすることができます。

1 作業工程

◎重要部分をマスター!

水準測量の作業工程は基準点測量と同様である。

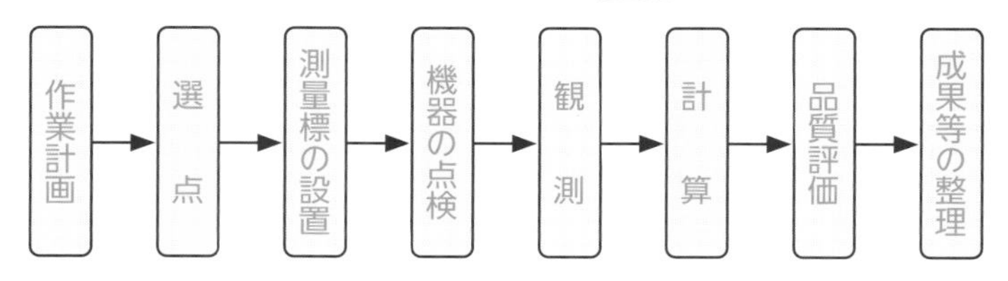

2 レベルと標尺①

◎重要部分をマスター!

異なる2点にある標尺の目盛を水平に読定するための器械がレベルである。水準測量では標尺の目盛を 0.1mm 単位で読定する。

現在使われている多くのレベルは自動レベルと呼ばれ、内部にコンペンセータ（自動水平補正装置）が入っており、円形水準器で概ね水平に整置すれば、自動的に視準線が水平に調整される。

また、電子レベルと呼ばれる画像処理装置が内蔵されたレベルもあり、標尺目盛の読定と距離の観測を自動でおこなうことができる。電子レベルによる自動観測にはバーコード標尺という専用の標尺が必要で、基本的に同一メーカの電子レベルとセットになった物しか使用することができない。電子レベルが測量で使用されるようになり、観測者による個人誤差が小さくなるとともに作業能率が向上するようになった。

過去問にチャレンジ!

1回目	月　日	2回目	月　日	3回目	月　日

選択肢を○×で答えてみよう！

□□□ × H22-10-b
標尺の読定単位は、1 mm である。

□□□ ○ H28-11-2
自動レベルのコンペンセータは、視準線の傾きを自動的に補正するものである。

□□□ × H28-11-5
自動レベルは、コンペンセータが地盤などの振動を吸収するので、十字線に対して像は静止して見える。

□□□ × H30-12-a
電子レベルは、標尺のバーコード目盛を読み取り、標尺の読定値と比高を自動的に測定することができる。

□□□ ○ H29-10-4
電子レベルとバーコード標尺は、セットで使用する。

□□□ ○ H23-10-1
バーコード標尺の目盛を自動で読み取って高低差を求める電子レベルが使用されるようになり、観測者による個人誤差が小さくなるとともに、作業能率が向上するようになった。

ここがポイント!

コンペンセータは振り子とプリズムを使った物理的な補正装置です。電子レベルと異なり、電気を必要としません。

2 レベルと標尺②

公共測量における１～２級水準点測量では、円形水準器、視準線の点検調整、コンペンセータの点検を観測着手前および観測期間中おおむね10日ごとにおこなう必要がある。水平に整置するため、レベルには円形水準器が付いており、標尺にも鉛直に立てることができるよう、円形水準器が付いている。正しく気泡が円形水準器の中心にくるよう点検調整をおこなう。コンペンセータを内蔵している自動レベルであっても、概略水平に整置しなければならないので、コンペンセータと円形水準器の点検調整、視準線の点検調整は観測着手前に必要になる。

また、レベルと標尺には精度により等級がついている。水準測量の精度ごとに使用できる等級は以下の表のとおりである。

	１級水準測量	２級水準測量	３級水準測量	４級水準測量
１級レベル	○	○	○	○
２級レベル	×	○	○	○
３級レベル	×	×	○	○
１級標尺	○	○	○	○
２級標尺	×	×	○	○

例えば２級水準測量では１級または２級レベルと１級標尺の組合せによっておこなわなければならないことになる。

また、１級標尺はスプリングの張力変化などにより目盛誤差が変化するため、定期的な検定を要する。

過去問にチャレンジ!

1回目	月　日	2回目	月　日	3回目	月　日

選択肢を◯×で答えてみよう！

□□□ × R05-10-e	正標高補正計算を行うため、気圧を測定する。
□□□ ○ H24-11-1	レベル及び標尺は、作業前及び作業期間中に適宜点検を行い、調整されたものを使用する。
□□□ × H30-12-エ	電子レベル及び自動レベルの点検調整では、チルチングレベルと同様に棒状気泡管を調整する必要がある。
□□□ ○ H29-10-5	標尺付属の円形水準器は、鉛直に立てたときに、円形気泡が中心に来るように点検調整を行う必要がある。
□□□ ○ H29-10-1	自動レベルは、目盛りを読み取る十字線が正しい位置にないことがあるので、視準線の点検調整を行う必要がある。
□□□ × H26-9-a	自動レベル、電子レベルを用いる場合は、円形水準器及び視準線の点検調整並びにマイクロメータの点検を観測着手前に行う。
□□□ × H22-9-5	２級水準測量では、１級標尺又は２級標尺を使用することができる。

3 水準測量の誤差①

◎重要部分をマスター！

水準測量の誤差にはレベルによるものと標尺によるものがある。いずれも消去・軽減の方法が重要である。

(1) レベルに関する誤差

ア　視準線誤差

十字線の調整が不十分なため、視準軸と気泡管軸が平行にならず、生じる誤差を視準線誤差という。前視と後視で視準距離を等しくすることで消去することができる。

イ　鉛直軸誤差

気泡管の調整が不十分などの理由で、鉛直軸が傾いており、生じる誤差を鉛直軸誤差という。観測回数を偶数回にし、三脚の特定の脚の向きを特定の標尺に向けて整置することで軽減することができる。

ウ　沈下による誤差

軟弱な地盤などに三脚を整置してしまうなどの理由でレベルが沈下することにより生じる誤差を、沈下による誤差という。沈下する速度が一定と仮定し、後視・前視・前視・後視の順で観測することで軽減することができる。

過去問にチャレンジ!

1回目	月　日	2回目	月　日	3回目	月　日

選択肢を○×で答えてみよう！

□□□ × R01-10-ア
レベルと標尺の間隔が等距離となるように整置して観測することで、鉛直軸誤差を消去することができる。

□□□ ○ H29-11-a
視準線誤差を消去するには、レベルと標尺の間隔が等距離となるように整置して観測する。

□□□ × H21-10-1
鉛直軸誤差を消去するには、レベルと標尺間を、その間隔が等距離となるように整置して観測する。

□□□ × H21-10-5
レベルの沈下による誤差を小さくするには、時間をかけて慎重に観測する。

□□□ ○ H22-9-3
１級水準測量では、標尺を後視、前視、前視、後視の順に読み取ることにより、三脚の沈下による誤差を小さくしている。

ここがポイント!

視準軸の調整は不等距離法（くい打ち法）を用いて補正します。測量士補試験では計算問題として出題されます。

3 水準測量の誤差②

エ　球差

地球表面が湾曲しているために生じる誤差を球差という。視準距離が長くなるほど目標の高さが本来よりも低く見える。前視と後視の視準距離を等しくすることで消去することができる。

オ　光の屈折による誤差

気温変化による大気の光の屈折により生じる誤差を、光の屈折による誤差（大気による屈折誤差）という。視準距離が長いと、光の屈折による誤差は増大する。屈折の影響を等しくするため、前視と後視の視準距離を等しくするほか、屈折の影響が大きい地面近くの標尺最下部20cmの視準を避けて観測することで軽減することができる。

カ　視差による誤差

レベルのレンズの焦点が合っていないために生じる誤差を、視差による誤差という。接眼レンズで十字線が明瞭に見えるように調節し、目標物への焦点を合わせることで軽減することができる。

ここがポイント!

誤差の消去・軽減の方法として、視準線誤差と球差は「前視と後視の視準距離を等しくする」、鉛直軸誤差は「観測回数を偶数回にする」は特に頻出です。

過去問にチャレンジ!

1回目	月　日	2回目	月　日	3回目	月　日

選択肢を○×で答えてみよう！

□□□ ○ H29-11-c
球差は、地球表面が湾曲しているために生じる誤差である。

□□□ ○ H24-9-d
球差による誤差は、レベルと標尺間を、その間隔が等距離となるように整置して観測した場合、消去できる。

□□□ × H21-10-2
球差による誤差は、地球表面が湾曲しているためレベルが前視と後視の両標尺の中央にある状態で観測した場合に生じる誤差である。

□□□ × H29-11-d
光の屈折による誤差を小さくするには、レベルと標尺との距離を長くして観測する。

□□□ ○ R02-12-c
傾斜地において、標尺の最下部付近の視準を避けて観測すると、大気による屈折誤差を小さくできる。

□□□ × H23-10-4
公共測量における１級水準測量において、標尺の下方20cm以下を読定してはならない理由は、地球表面の曲率のために生ずる２点間の鉛直線の微小な差（球差）の影響を少なくするためである。

□□□ × H30-12-c
望遠鏡の対物レンズを調整し、十字線が明瞭に見えるようにしてから、目標物への焦点を合わせることで、視差による誤差を小さくできる。

3 水準測量の誤差③

(2) 標尺に関する誤差

ア　傾きによる誤差

観測時に標尺が傾いていると、正しい値を読定できない。鉛直でない場合、鉛直である場合と比較して読定値は大きくなる。そのため、標尺を前後に動かし、最小値を読定することで消去することができる。電子レベルであっても標尺の傾きは自動で読み取ることができないため、標尺の傾きによる誤差には注意する必要がある。

イ　零点誤差

磨耗などにより標尺の下端が0から始まらなくなっていることから生じる誤差を零点誤差という。観測回数を偶数回にすることで消去することができる。偶数回にすることで観測開始点と観測終了点に立てる標尺が同じものになるからである。

ウ　目盛誤差

製造上の精度の問題によって標尺の目盛が正しく振られていないために生じる誤差を目盛誤差という。この誤差の偏りをなくすためには、往復の観測で同じ測点に同じ標尺を立てないようにする。

エ　膨張誤差

標尺が構造上持つ誤差や、温度の変化による伸縮による誤差は、標尺定数と膨張係数による標尺補正で補正する。また、膨張誤差の補正のため、観測開始終了および固定点に到着ごとに気温を１℃単位で測定する。

過去問にチャレンジ!

1回目	月　日	2回目	月　日	3回目	月　日

選択肢を◯×で答えてみよう！

□□□ × H29-10-3	電子レベルは、標尺の傾きをバーコードから読み取り補正することができる。
□□□ × H29-11-b	標尺を２本１組とし、測点数を偶数にすることで、標尺の目盛誤差を消去することができる。
□□□ ○ R02-12-b	標尺を２本１組とし、測点数を偶数にすることで、標尺の零点誤差を消去できる。
□□□ × H27-10-d	標尺は、２本１組とし、往観測の出発点に立てる標尺と、復観測の出発点に立てる標尺は同じものにする。
□□□ ○ H23-11-3	１級水準測量においては、観測の開始時、終了時及び固定点到着時ごとに、気温を１℃単位で測定する。

ここがポイント!

水準測量は往復観測で、観測回数は偶数回になります。目盛誤差の偏りをなくすため往復の観測で同じ測点に同じ標尺を立てないようにすると、「往観測の出発点に立てる標尺と、復観測の出発点に立てる標尺は交換する。」ということになります。

（往路出発）A標尺→①→B標尺→②→A標尺（往路終了）

（復路終了）B標尺←④←A標尺←③←B標尺（復路出発）

4 水準測量における注意点①

重要部分をマスター!

作業工程のとおり、観測の前に新点に永久標識を設置することになるが、安定させるために設置から観測まで最低でも24時間以上経過してから観測をおこなう。

観測時の注意点としては、レベル内部の温度上昇による局所的な膨張で生じる誤差を小さくするために、日傘を使用して、レベルに直射日光を当てないようにする。また、手簿に記入した読定値および水準測量作業用電卓に入力した観測データは、訂正してはならない。読定の誤りが判明しても途中の1点だけ再読定することは認められず、そのような場合は観測を最初からやり直さなければならない。

水準点間の距離が長い場合や、水準点間の測点数が多くなる場合には、水準点間に固定点を設けることができる。固定点は往復の観測に共通して使用する。1日の観測は水準点で終わることを原則とする。やむを得ず固定点で終わる場合は、次の日の観測で固定点の異常の有無が点検できるような方法で観測をおこなう必要がある。

ここがポイント!

固定点を設けることで、再測をする路線距離を短くすることができるというメリットもあります。

過去問にチャレンジ!

1回目	月　日	2回目	月　日	3回目	月　日

選択肢を○×で答えてみよう！

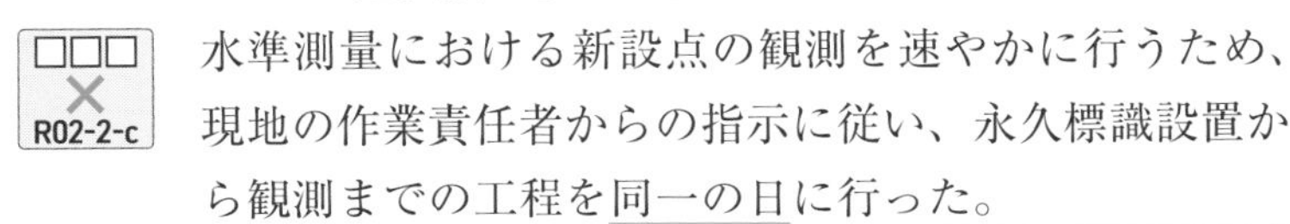
□□□ × R02-2-c
水準測量における新設点の観測を速やかに行うため、現地の作業責任者からの指示に従い、永久標識設置から観測までの工程を同一の日に行った。

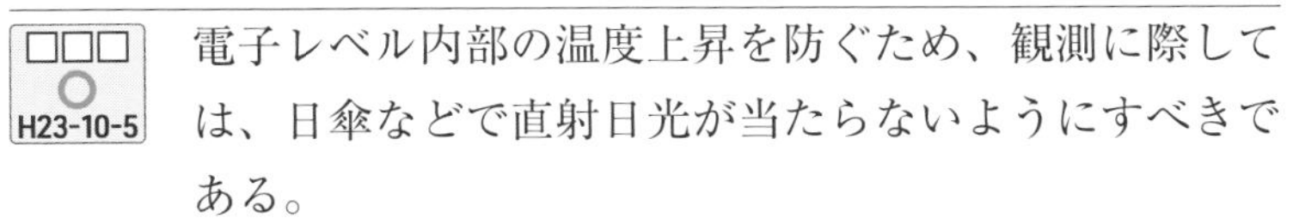
□□□ ○ H23-10-5
電子レベル内部の温度上昇を防ぐため、観測に際しては、日傘などで直射日光が当たらないようにすべきである。

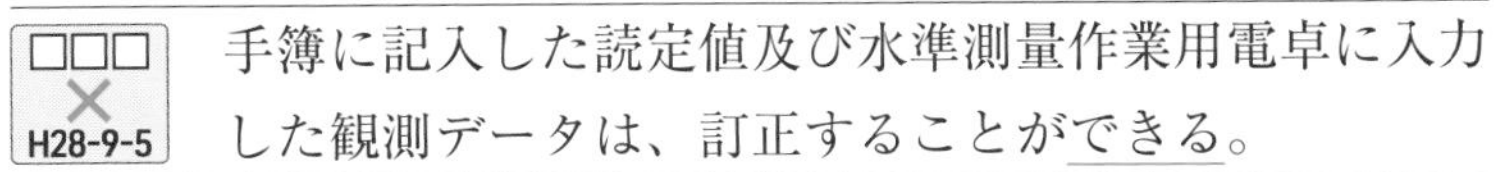
□□□ × H28-9-5
手簿に記入した読定値及び水準測量作業用電卓に入力した観測データは、訂正することができる。

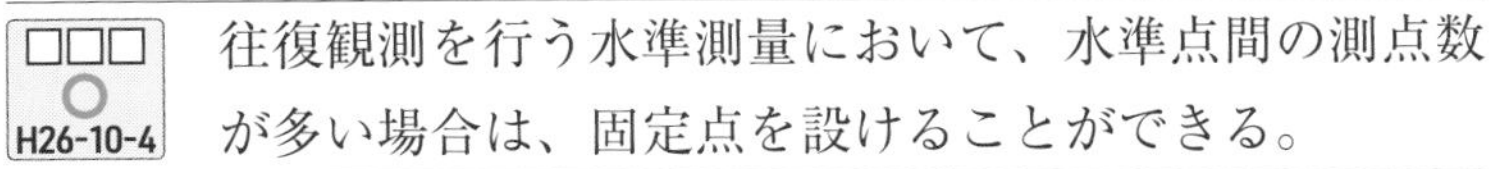
□□□ ○ H26-10-4
往復観測を行う水準測量において、水準点間の測点数が多い場合は、固定点を設けることができる。

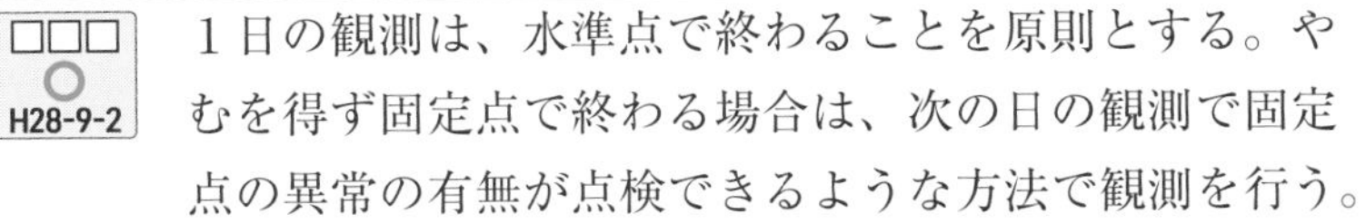
□□□ ○ H28-9-2
１日の観測は、水準点で終わることを原則とする。やむを得ず固定点で終わる場合は、次の日の観測で固定点の異常の有無が点検できるような方法で観測を行う。

4 水準測量における注意点②

誤差の消去・軽減をするため、レベルの整置回数は偶数回となっている。

例えば、最大視準距離が40mの場合、後視と前視を合わせると、一度の整置で80mの距離を観測することになる。1.2kmの路線の場合、1,200 ÷ 80 ＝ 15回の整置が必要となるが、奇数回である15回は認められず、レベルの整置回数は最低16回となる。

また、誤差の消去・軽減をするため、レベルの後視と前視の標尺までの距離（視準距離）は等しく、かつ、レベルはできる限り両標尺を結ぶ直線上に設置しなければならない。

そのため、確認した視準距離が後視と前視で異なる場合、動かせる標尺を移動することになる。ただし、レベルから標尺までの視準距離には、以下の表のとおり制限がある。

1級水準測量	2級水準測量	3級水準測量	4級水準測量	簡易水準測量
50m	60m	70m	70m	80m

標尺を移動する場合はこの制限距離の範囲内で移動することになる。

過去問にチャレンジ!

1回目	月　日	2回目	月　日	3回目	月　日

選択肢を◯×で答えてみよう！

□□□ ○ H23-11-4	水準点間のレベルの設置回数（測点数）は偶数にする。
□□□ × H25-10	公共測量における1級水準測量を実施するとき水準点間が1.5kmの路線において、最大視準距離を50mとする場合、往観測のレベルの設置回数（測点数）は最低15点になる。
□□□ ○ H30-10-4	視準距離は等しく、レベルはできる限り両標尺を結ぶ直線上に設置する。
□□□ ○ H21-9-5	レベルと後視標尺及び前視標尺との距離は、等しくする。
□□□ × H24-11-2	レベルの整置回数を減らすために、視準距離は、標尺が読み取れる範囲内で、可能な限り長くする。

5 点検計算

◎重要部分をマスター!

(1) 検測

水準測量においても点検計算をおこない、測量成果の良否を判定することになる。1～2級水準測量では、片道観測による既知の水準点間の検測をおこなう。

ここがポイント!

片道観測でおこなう検測は、既知の水準点間の比高（高低差）を測ります。つまり、水準測量で既知の標高点として使用した水準点が正しい高さだったかどうかを調べるということです。水準測量自体は往復観測なので注意しましょう。

(2) 点検計算

往復観測をしているため、往復の観測によって得られた高低差の合計は0になるはずである。しかし、実際は誤差を含んでいるため、0にはならない。往復の観測誤差（往復の観測値の絶対値の差）を較差（こうさ）という。較差には路線長の平方根に比例する許容範囲があり、許容範囲を超える場合は、再測となる。

(3) 重量平均による最確値

レベルと標尺を用いた水準測量では、その性質上、観測回数が多いほど誤差が大きくなる。路線長が長くなると観測回数が多くなるため、観測路線が長いほど誤差が大きくなる。

過去問にチャレンジ!

1回目	月　日	2回目	月　日	3回目	月　日

選択肢を○×で答えてみよう！

□□□ × H26-9-e	検測は原則として往復観測で行う。
□□□ × H29-11-e	観測によって得られた高低差に含まれる観測の精度（標準偏差）は、路線長の二乗に比例する。
□□□ ○ H27-9-d	観測によって得られた高低差に含まれる誤差は、観測距離の平方根に比例する。
□□□ × H26-10-5	往復観測を行う水準測量において、往復の観測値の較差が許容範囲を超える場合は、往路と復路の平均値を採用する。

ここがポイント!

点検計算や重量平均による最確値は、計算問題としても出題されます。

6 GNSS水準測量

重要部分をマスター！

作業地域の近傍に既設の水準点がない場合、遠方の水準点から、多大な時間と経費をかけて水準測量を行う必要があった。GPS、準天頂衛星システム、GLONASSなどの衛星測位システムの充実や高精度化されたジオイド・モデル「日本のジオイド2011」の整備により、GNSS観測で効率的に標高の測量がおこなえるようになった。

GNSS測量による標高の測量は、平均図等に基づき、スタティック法によりおこなう。

GNSS水準測量における既知点は、１～２等水準点、水準測量により標高が取り付けられた電子基準点または１～２級水準点を使用する。

ここがポイント！

国土地理院が基本測量として設置・管理する水準点が、○等水準点で、基準水準点、1～3等水準点があります。一方、公共団体が公共測量として設置・管理する水準点が、○級水準点で、1～4級水準点、簡易水準点があります。

また、GNSS水準測量により、３級水準点を設置することができる。

なお、電波の大気遅延が高さ方向の精度に大きく影響することから、観測時の気象条件に十分注意することが必要である。

過去問にチャレンジ!

1回目	月　日	2回目	月　日	3回目	月　日

□□□ ○ 予想問題
GNSS水準測量では、スタティック法により観測を行う。

□□□ ○ 予想問題
GNSS水準測量では、既知点として、水準測量により標高が取り付けられた電子基準点を使用することができる。

□□□ × 予想問題
GNSS水準測量では、セミ・ダイナミック補正を行う。

□□□ × 予想問題
GNSS水準測量では、国土地理院が提供するジオイド・モデルを用いることにより、2級水準点が設置できる。

□□□ × 予想問題
GNSS水準測量により得られる高さはジオイド高であるため、標高の算出には、高精度な楕円体高が必要となる。

ここがポイント!

既知点の高さ方向の成果には水準測量により得られた標高成果を使用するため、元期の基準日以降にセミ・ダイナミック補正を行うと、元期からの地殻変動量が二重に補正されてしまうので、セミ・ダイナミック補正は適用しません。

7 計算問題（水準測量）

重要部分をマスター！

水準測量の分野では、①膨張誤差を補正するための「標尺補正」、②標尺の傾きの誤差を計算する「標尺の傾き」、③レベルの視準線の点検調整法である「不等距離法」、④観測値から較差を計算して再測の判断をする「点検計算」、⑤「重量平均」がそれぞれ計算問題として出題されます。

⑴ 標尺補正

標尺に関する誤差の１つである膨張誤差は、標尺定数と膨張係数による標尺補正で補正します。

それぞれ、以下の式で補正量を求めていきます。

標尺定数補正量＝観測高低差×標尺定数

膨張係数補正量

＝観測高低差×（観測温度－基準温度）×膨張係数

観測された観測高低差に、求めた標尺定数補正量と膨張係数補正量を加えることで、補正後の高低差が求まります。

⑵ 標尺の傾き

標尺に関する誤差の１つである傾きの誤差は、水平方向の誤差から三角関数を使って鉛直に立てた場合の読定値を求めることで、標尺の傾きによる誤差を求めていきます。

(3) 不等距離法

レベルの視準線の点検調整として用いられるのが不等距離法です。「くい打ち法」ともいわれます。

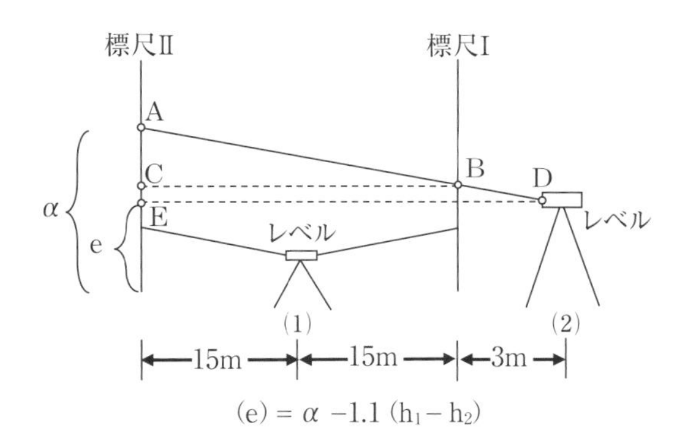

$(e) = \alpha - 1.1\,(h_1 - h_2)$

2つのレベルと標尺が出てきますが、2本の標尺の外にあるレベルによる近いほうの標尺の読定値と、別のレベルの別の標尺の読定値を＋にし、その他の2つの読定値を－にしてすべてを足し合わせます。その値に1.1をかけることで、補正量が計算できます。

(4) 点検計算

較差の許容範囲が与えられ、許容範囲を超え再測を要する観測区間を選択する問題が出題されます。

また、それぞれの区間で許容範囲内であった場合は、路線全体でも許容範囲内にあるのか計算する必要があり、路線全体で許容範囲を超えていた場合は、もっとも較差が大きい区間の再測をすることになります。

⑸ 重量平均

通常、測量の結果は平均することで最確値を算出します。しかし、水準測量の場合は、観測路線が長いほど誤差が大きくなるため、路線の長さを考慮して最確値を出さなければなりません。

そこで、単純な平均ではなく、重量平均を用います。重量（重み）とは観測値の信用の度合いをいい、重量が大きいほど、その観測値の信用が高いことになります。路線長が長くなると、観測値の信用が下がることから、重量は路線長に反比例することになります。

ここがポイント!

水準測量の計算問題は複雑なものが多いのですが、「数値を変えただけ」の繰り返しの出題が多く、出題頻度も高いです。それぞれについてパターン化しておけば、確実に得点することができます。

過去問にチャレンジ!

1回目	月　日	2回目	月　日	3回目	月　日

1級水準測量及び2級水準測量では、温度の影響を考慮し使用する標尺に対して標尺補正を行う必要がある。公共測量により、水準点A、Bの間で1級水準測量を実施し、表に示す結果を得た。標尺補正を行った後の水準点A、B間の観測高低差は幾らか。最も近いものを次の中から選べ。

ただし、観測に使用した標尺の標尺改正数は20℃において $+12\mu m/m$、膨張係数は $+1.2\times10^{-6}$/℃とする。

表

観測路線	観測距離	観測高低差	気温
A → B	2.0km	+ 55.5000m	25℃

1　+ 55.4980m

2　+ 55.4990m

3　+ 55.5003m

4　+ 55.5010m

5　+ 55.5037m

解答・解説をチェック!

平成 30 年第 11 問（標尺補正）	正解：4

観測値から、標尺補正計算をする問題である。

標尺定数補正量 = 観測高低差×標尺定数
= +55.5000m × +12 μm/m
= +55.5000 × +0.000012
= +0.000666m

膨張係数補正量
= 観測高低差×（観測温度－基準温度）×膨張係数
= +55.5000m ×（25℃ − 20℃）× 1.2 × 10⁻⁶/℃
= +55.5000 × + 5 × 0.0000012
= +55.5000 × + 0.000006
= +0.000333m

観測された観測高低差に、標尺定数補正量と膨張係数補正量を加え、補正後の高低差を計算する。

補正後の高低差
= + 55.5000 + 0.000666 + 0.000333
= + 55.500999m

よって、もっとも近いものは肢 4 である。

過去問にチャレンジ!

1回目	月　日	2回目	月　日	3回目	月　日

図は、水準測量における観測の状況を示したものである。標尺の長さは3mであり、図のように標尺がレベル側に傾いた状態で測定した結果、読定値が1.500mであった。標尺の上端が鉛直に立てた場合と比較してレベル側に水平方向で0.210mずれていたとすると、標尺の傾きによる誤差は幾らか。最も近いものを次の中から選べ。

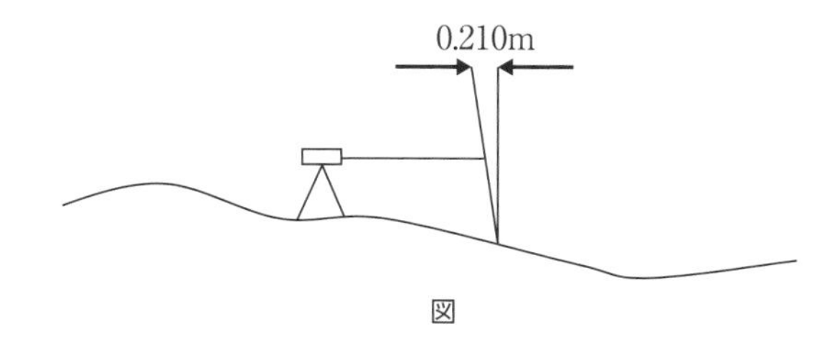

図

1　4mm
2　10mm
3　14mm
4　20mm
5　24mm

解答・解説をチェック！

令和5年度第12問（標尺の傾きによる誤差）	正解：1

標尺の傾きによる誤差の計算をする問題である。

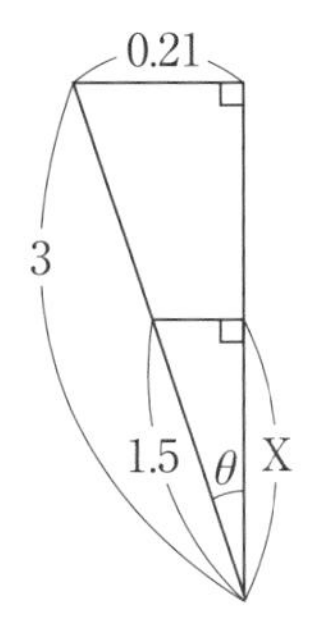

傾きを θ とした直角三角形で考えると、$\sin\theta = 0.21 \div 3 = 0.07$ となる。

sin の値が「0.07」に近いものを巻末の関数表から探し、θ が約 4° と分かる。

鉛直に立てた場合の読定値（X）は、$1.5 \times \cos4° = 1.5 \times 0.99756 = 1.49634$m となるため、求めるべき標尺の傾きによる誤差は、$1.5 - 1.49634 ≒ 0.004$m = 4mm となる。

よって、もっとも近いものは肢１である。

過去問にチャレンジ!

1回目	月　日	2回目	月　日	3回目	月　日

レベルの視準線を点検するために、図のようにA及びBの位置で観測を行い、表に示す結果を得た。この結果からレベルの視準線を調整するとき、Bの位置において標尺Ⅱの読定値を幾らに調整すればよいか。最も近いものを次の中から選べ。

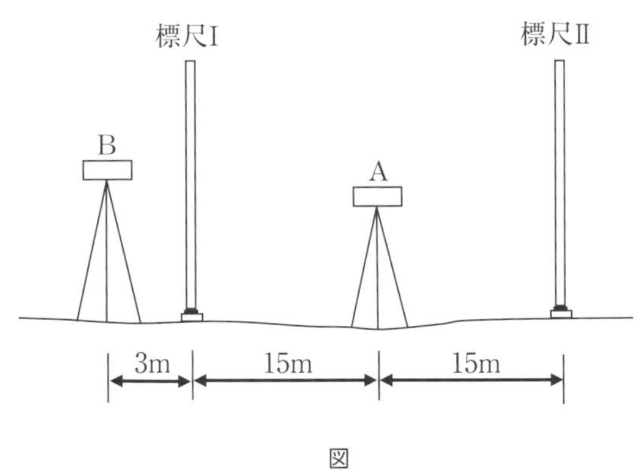

図

表

レベルの位置	読定値	
	標尺Ⅰ	標尺Ⅱ
A	1.2081m	1.1201m
B	1.2859m	1.2201m

1　1.0957m

2　1.1321m

3　1.1957m

4　1.2179m

5　1.2445m

解答・解説をチェック!

平成 29 年第 13 問（不等距離法）	正解：3

不等距離法による標尺読定値の補正を計算する問題である。

位置Ｂのレベルによる標尺Ⅰの読定値と、位置Ａのレベルによる標尺Ⅱの読定値を＋にし、位置Ｂのレベルによる標尺Ⅱの読定値と、位置Ａのレベルによる標尺Ⅰの読定値を－にして足し合わせ、1.1 をかけることで補正量を計算する。

$$
\begin{aligned}
\text{補正量} &= (+1.2859 + 1.1201 - 1.2201 - 1.2081) \times 1.1 \\
&= -0.0222 \times 1.1 \\
&= -0.02442
\end{aligned}
$$

求めるべき位置Ｂのレベルによる標尺Ⅱの読定値に補正量を足し合わせることで、補正後の標尺読定値を計算する。

$$1.2201 + (-0.02442) = 1.19568\text{m}$$

よって、もっとも近いものは肢３である。

過去問にチャレンジ!

1回目	月　日	2回目	月　日	3回目	月　日

図は、水準点Aから固定点(1)、(2)及び(3)を経由する水準点Bまでの路線を示したものである。この路線で水準測量を行い、表に示す観測結果を得た。再測が必要な観測区間はどれか。次の中から選べ。

ただし、往復観測値の較差の許容範囲は、Sを観測距離（片道、km単位）としたとき、2.5mm$\sqrt{S}$とする。

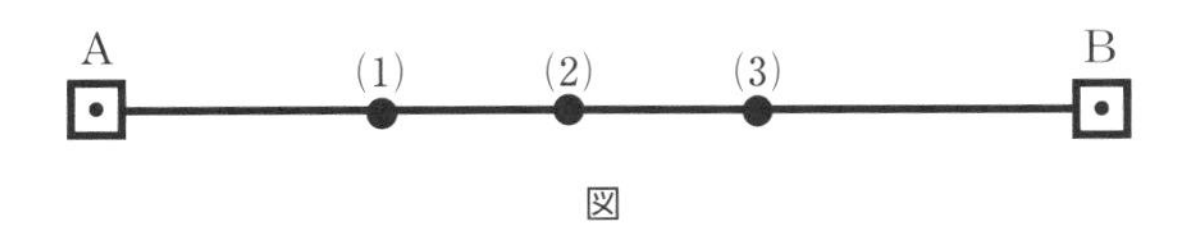

図

表

観測区間	観測距離	往路の観測高低差	復路の観測高低差
A → (1)	500m	+ 3.2249m	− 3.2239m
(1) → (2)	360m	+ 0.5851m	− 0.5834m
(2) → (3)	360m	− 2.6764m	+ 2.6758m
(3) → B	640m	+ 2.5432m	− 2.5446m

1　A ～(1)
2　(1)～(2)
3　(2)～(3)
4　(3)～ B
5　再測の必要はない

解答・解説をチェック!

平成30年第13問（点検計算）	正解：2

観測値から較差を計算し、再測の判断をする問題である。

各区間の較差（往復の観測値の絶対値の差）を求める。

A ～(1)の較差 = 3.2249m − 3.2239m = 0.0010m = 1.0mm

(1)～(2)の較差 = 0.5851m − 0.5834m = 0.0017m = 1.7mm

(2)～(3)の較差 = 2.6764m − 2.6758m = 0.0006m = 0.6mm

(3)～ B の較差 = 2.5432m − 2.5446m = 0.0014m = 1.4mm

往復観測値の較差の許容範囲は、2.5mm $\sqrt{S}$ km であり、各区間の距離は 0.50km と 0.36km と 0.64km であるから、許容範囲はそれぞれ下のように計算できる。

〈0.50km 区間の較差の許容範囲〉

$= 2.5\text{mm}\sqrt{0.50} = 2.5\text{mm}\sqrt{50 \times 0.1 \times 0.1}$

$= 2.5\text{mm} \times \sqrt{50} \times 0.1 = 2.5\text{mm} \times 7.07107 \times 0.1$

$= 1.7677675\text{mm}$

〈0.36km 区間の較差の許容範囲〉

$= 2.5\text{mm}\sqrt{0.36} = 2.5\text{mm}\sqrt{36 \times 0.1 \times 0.1}$

$= 2.5\text{mm} \times \sqrt{36} \times 0.1 = 2.5\text{mm} \times 6 \times 0.1$

$= 1.5\text{mm}$

〈0.64km 区間の較差の許容範囲〉

$= 2.5\text{mm}\sqrt{0.64} = 2.5\text{mm}\sqrt{64 \times 0.1 \times 0.1}$

$= 2.5\text{mm} \times \sqrt{64} \times 0.1 = 2.5\text{mm} \times 8 \times 0.1$

$= 2\text{mm}$

(1)～(2)の較差が許容範囲を超えているため、再測すべきと考えられる。

よって、正しいものは肢２である。

過去問にチャレンジ!

1回目	月　日	2回目	月　日	3回目	月　日

図に示すように、既知点A、B及びCから新点Pの標高を求めるために水準測量を実施し、表1の結果を得た。新点Pの標高の最確値は幾らか。最も近いものを次の中から選べ。

ただし、既知点の標高は表2のとおりとする。

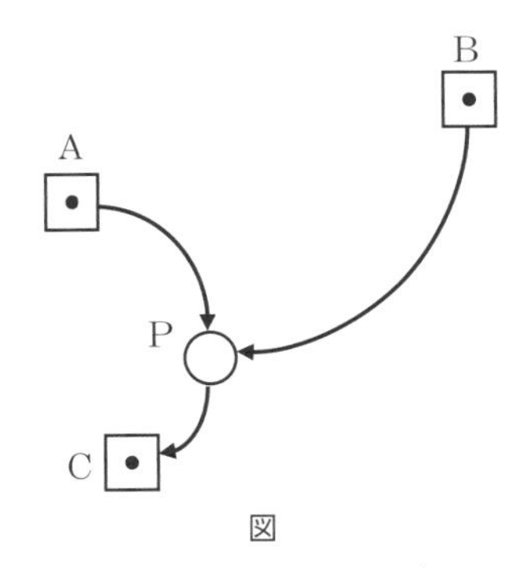

図

表1

観測結果		
路線	観測距離	観測高低差
A → P	3km	+ 2.676m
B → P	6km	+ 0.965m
P → C	2km	+ 0.987m

表2

既知点	標高
A	18.062m
B	19.767m
C	21.711m

1　20.729m
2　20.730m
3　20.731m
4　20.732m
5　21.717m

解答・解説をチェック!

平成 29 年第 12 問（重量平均）	正解：2

観測値から、重量平均による最確値を計算する問題である。

各路線における P の標高を求める。

A → P の標高 = 18.062m + 2.676m = 20.738m

B → P の標高 = 19.767m + 0.965m = 20.732m

P → C の標高 = 21.711m − 0.987m = 20.724m

重量は路線長に反比例することから、各路線の観測距離から重量を求める。

A → P の重量：B → P の重量：P → C の重量

= 1/3：1/6：1/2 = 2/6：1/6：3/6

= 2：1：3

重量平均による最確値は、各標高が 20.7 まで等しいため、次の計算で求めることができる。

$$最確値 = 20.7\text{m} + \frac{0.038 \times 2 + 0.032 \times 1 + 0.024 \times 3}{2 + 1 + 3}$$

$$= 20.7\text{m} + \frac{0.180}{6}\text{m} = 20.7\text{m} + 0.03\text{m} = 20.73\text{m}$$

よって、もっとも近いものは肢 2 である。

第5章

地形測量

地形測量とは、前章までの基準点測量で得られた基準点をもとに、細部を測量し、数値地形図データを作成（または修正）する作業のことをいいます。数値地形図データの作成は、トータルステーションやGNSS測量機による現地測量と、より広範囲を測量する写真測量に大別されます。

1 現地測量

重要部分をマスター！

現地測量により作成する数値地形図データの地図情報レベルは、原則として1,000以下（250、500、1,000）となっており、より大きな地図レベルの場合（500、1,000、2,500、5,000、10,000）は写真測量でおこなわれる。地図情報レベルとは、いわゆる地図の縮尺における分母のことで、その数値が小さいほど詳細な地図ということになる。

現地測量では、現地でトータルステーションまたはGNSSによって地形や地物などを測定し、数値地形図データを取得する。現地測量の中で、地形、地物などを測定し、数値地形図データを取得する作業のことを細部測量という。現地測量は４級基準点、簡易水準点またはこれと同等以上の精度を有する基準点に基づいて実施する必要がある。

また、現地測量で得られたデータは、通常ベクタ形式であり、この観測データをもとに数値地形図データファイルの作成をしていくことになるが、その数値編集における編集済みデータの論理的矛盾点の点検は、点検プログラム（データ解析システム）を使用しておこなう。

ここがポイント！

数値地形図データとは、コンピュータで扱えるようにデジタル化した地形図に近いものです。数値とはデジタルの意味で、紙ではないためデータと付いています。形状を表す座標データだけでなく、建物の種類などの内容を表す属性データが含まれています。

過去問にチャレンジ!

1回目	月　日	2回目	月　日	3回目	月　日

選択肢を〇×で答えてみよう!

□□□ ○ H26-13-2
現地測量により作成する数値地形図データの地図情報レベルは、原則として1000以下とし250、500及び1000を標準とする。

□□□ × H29-16-5
地図情報レベル1000の数値地形図データ作成には、地図情報レベル500の数値地形図データ作成と比較して、より詳細な計測データが必要である。

□□□ × H21-14-a
現地測量とは、現地においてトータルステーションまたはGNSSを用いて、地形、地物などを測定し、数値画像データを作成する作業をいう。

□□□ ○ H30-16-1
細部測量とは、地形、地物などを測定し、数値地形図データを取得する作業である。

□□□ × H25-14-c
現地測量は、4級基準点、4級水準点又はこれと同等以上の精度を有する基準点に基づいて実施する。

□□□ × H26-13-4
数値編集における編集済データの論理的矛盾の点検は、目視点検により行い、点検プログラムを使用してはならない。

ここがポイント!

長さが50mの橋があった場合、1/500の縮尺の地図（地図情報レベル500）だと10cm、1/10,000の縮尺の地図（地図情報レベル10,000）だと5mmで表現されることになります。

2 トータルステーションによる現地測量

◎重要部分をマスター!

(1) トータルステーションによる細部測量

トータルステーションによる細部測量は、基準点などにトータルステーションを整置し、目標（地形や建物）までの距離と方向を同時に観測することでおこなう。細部測量の観測方法は放射法と支距法があるが、通常、理由がない限り放射法が使われる。

現地で観測しながら、観測データを取り込んで編集・点検・出力図の作成をおこなう方式のことをオンライン方式という。現地で直接作図をして完成図を見ながら作業ができるため、作業効率が高い。オンライン方式でトータルステーションと接続する機器を電子平板という。

一方、現地でデータの取得のみをする方式のことをオフライン方式という。現地を離れた後に不明な部分がある場合や、現地調査以降に生じた変化に関する事項を確認するため、補備（ほび）測量が必要になることがある。

(2) トータルステーションによるTS点の設置

地形・地物などの状況により、基準点にトータルステーションを整置して細部測量をおこなうことが困難な場合は、TS点を設置し、そこから観測することができる。TS点をトータルステーションで設置する場合、基準点にトータルステーションを整置し、２対回以上測定し、放射法により設置する地点を求める。

過去問にチャレンジ!

1回目	月　日	2回目	月　日	3回目	月　日

選択肢を○×で答えてみよう！

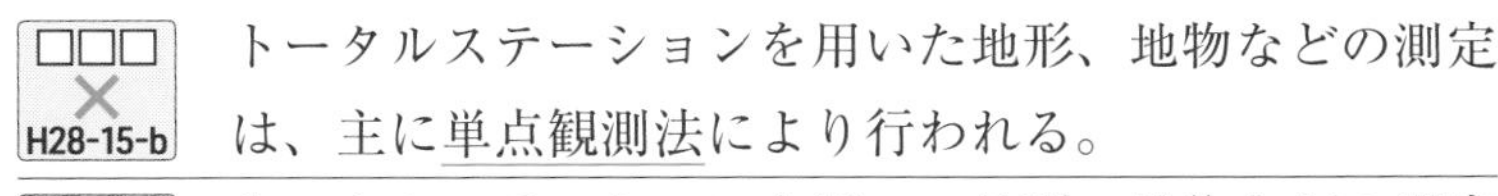

□□□ × H28-15-b
トータルステーションを用いた地形、地物などの測定は、主に単点観測法により行われる。

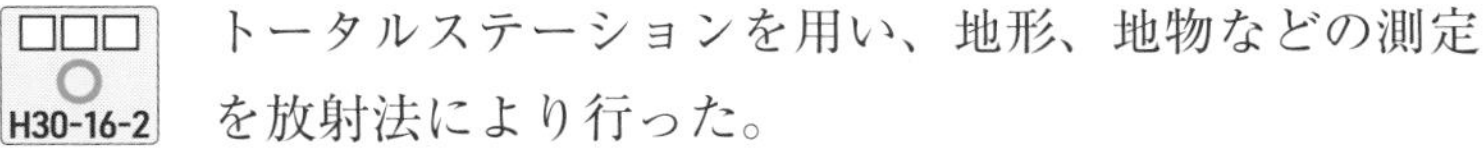

□□□ ○ H30-16-2
トータルステーションを用い、地形、地物などの測定を放射法により行った。

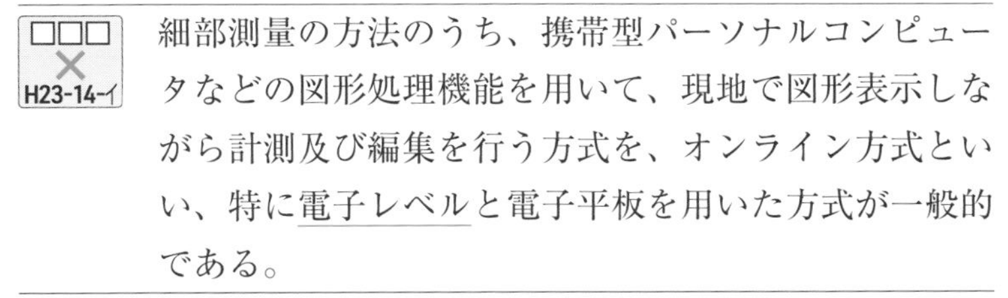

□□□ × H23-14-イ
細部測量の方法のうち、携帯型パーソナルコンピュータなどの図形処理機能を用いて、現地で図形表示しながら計測及び編集を行う方式を、オンライン方式といい、特に電子レベルと電子平板を用いた方式が一般的である。

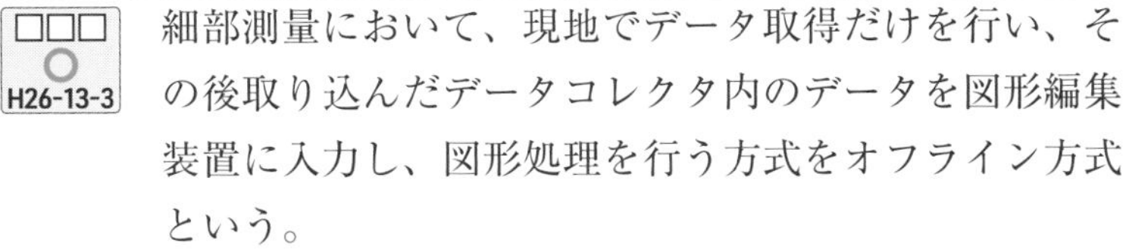

□□□ ○ H26-13-3
細部測量において、現地でデータ取得だけを行い、その後取り込んだデータコレクタ内のデータを図形編集装置に入力し、図形処理を行う方式をオフライン方式という。

□□□ ○ R02-15-5
補備測量においては、編集作業で生じた疑問事項及び重要な表現事項、編集困難な事項、現地調査以降に生じた変化に関する事項などが、現地において確認及び補備すべき事項である。

□□□ × H28-15-d
地形、地物などの状況により、基準点にトータルステーションを整置して作業を行うことが困難な場合、仮想基準点を設置することができる。

□□□ × H30-16-4
設置したTS点を既知点とし、別のTS点を設置した。

3 GNSSによる現地測量

重要部分をマスター！

(1) GNSSによる細部測量

GNSSを用いて細部測量をおこなう場合、リアルタイムで観測結果が得られるRTK法もしくはネットワーク型RTK法が用いられることが多い。リアルタイムで観測することができるが、観測の開始時に初期化の観測をしなければならないので、観測中に衛星からの電波が途絶えた場合、継続して基線解析をおこなうことができなくなる。

キネマティック法またはRTK法による地形、地物などの測定は、基準点またはTS点にGNSS測量機を整置し、放射法によりおこなう。観測は1セットとする。最初に既知点と観測点間において、点検のため観測を2セットおこない、セット間較差が許容制限内にあることを確認する。確認後の2セット目の値を採用値とし、他点での観測を継続する。

ネットワーク型RTK法による地形、地物などの測定は、間接観測法または単点観測法によりおこなう。

(2) GNSSによるTS点の設置

トータルステーションを用いた細部測量であっても、GNSS測量機を用いてTS点を設置することができる。

TS点をキネマティック法またはRTK法で設置する場合、基準点またはTS点にGNSS測量機を整置し、放射法によりおこなう。観測は2セットとする。1セット目の観測値を採用値とし、2セット目の観測値を点検値とする。

過去問にチャレンジ!

1回目	月　日	2回目	月　日	3回目	月　日

選択肢を○×で答えてみよう！

□□□ ○ H21-13-エ
RTK法による地形測量は、細部測量の工程に用いることができる。

□□□ × H22-13-5
ネットワーク型RTK法を用いる細部測量では、GNSS衛星からの電波が途絶えても、初期化の観測をせずに作業を続けることができる。

□□□ × H24-13-2
地形及び地物の観測は、放射法により２セット行い、観測には４衛星以上使用しなければならない。

□□□ ○ H24-13-1
RTK法による地形測量では、最初に既知点と観測点間において、点検のため観測を２セット行い、セット間較差が許容制限内にあることを確認する。

□□□ × H26-14-c
ネットワーク型RTK法によるTS点の設置は、間接観測法又は直接観測法により行う。

□□□ × H26-14-a
キネマティック法又はRTK法によるTS点の設置は、放射法により行い、観測は２セット行うものとする。１セット目の観測値を参考値とし、観測終了後に再初期化をして、２セット目の観測を行い、２セット目を採用値とする。

4 計算問題（地形測量）

重要部分をマスター！

地形測量の分野では、等高線に関する計算問題が出題されます。

相似の三角形を考え、比例計算を用いることで答えを出します。

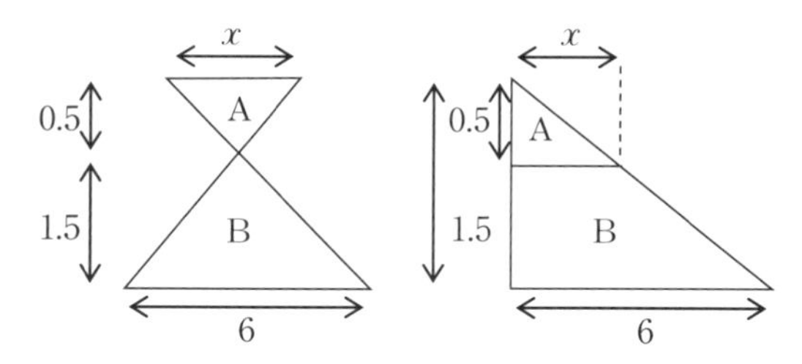

比例を解くためには、比例式で答えを求める方法と、比の値を用いて答えを求める方法がある。

比例式ならば、$1.5 : 6 = 0.5 : x$ となり、$1.5 \times x = 0.5 \times 6$

よって、$x = \dfrac{0.5 \times 6}{1.5} = 2$

比の値ならば、$\dfrac{1.5}{6} = \dfrac{0.5}{x}$ となり、$\dfrac{1.5}{6} = \dfrac{0.5}{x}$

$1.5 \times x = 0.5 \times 6$

よって、$x = \dfrac{0.5 \times 6}{1.5} = 2$

過去問にチャレンジ!

1回目	月　日	2回目	月　日	3回目	月　日

トータルステーションを用いた縮尺1/1,000の地形図作成において、傾斜が一定な斜面上の点Aと点Bの標高を測定したところ、それぞれ105.1m、96.6mであった。また、点A、B間の水平距離は80mであった。

このとき、点A、B間を結ぶ直線とこれを横断する標高100mの等高線との交点は、地形図上で点Aから何cmの地点か。最も近いものを次の中から選べ。

1　3.2cm
2　4.8cm
3　5.3cm
4　7.4cm
5　7.6cm

解答・解説をチェック!

平成29年第14問（等高線の計算）	正解：2

比例による等高線の計算をする問題である。

Bから A の高さは、105.1m − 96.6m = 8.5m となる。

等高線から A の高さは、105.1m − 100.0m = 5.1m となる。

Bから A までの距離は 80.0m であるが、地形図の縮尺が 1/1,000 であるため、地図上の距離は、80.0m÷1,000 = 0.080m = 8.0cm となる。

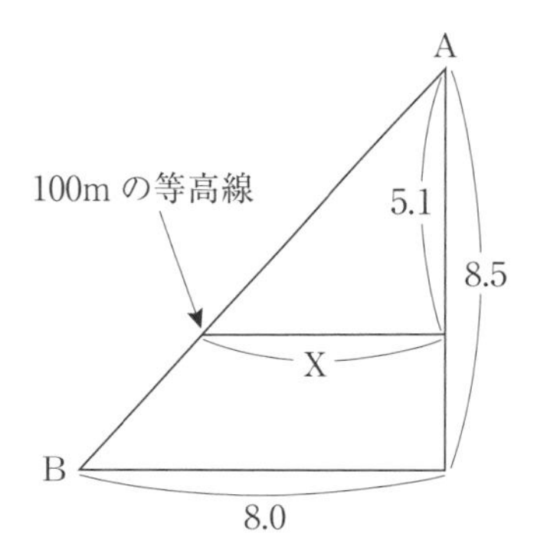

等高線から A までの地図上の距離を X とおき、比例式にすると以下のとおりになる。

8.5m：8.0cm = 5.1m：Xcm

これを変形し、計算をして X を求める。

X = 8.0 × 5.1÷8.5

= 4.8cm

よって、もっとも近いものは肢２である。

第6章

写真測量

1. 空中写真による写真測量
2. 作業工程
3. 対空標識
4. 撮影
5. パスポイントとタイポイント
6. UAV写真測量
7. 写真判読と現地調査
8. 同時調整
9. 写真地図作成
10. 計算問題

この章では、「写真測量」と「写真地図の作成」を学習します。
航空機を用いるという点で共通していますが、写真測量は「数値地形図データ」、写真地図作成は「写真地図」と、測量成果（最終的な成果物）が、異なっています。

1 空中写真による写真測量①

◎重要部分をマスター!

空中写真による写真測量では、航空機から直接測量をおこなうのではなく、航空機から空中写真を撮影し、それを解析することで、測量をおこなう。

トータルステーションやGNSSを用いた現地測量と比べると、一連の作業で広範囲を一定の精度で測量することができるという特徴がある。

(1) 仕組み

航空機には航空カメラが搭載されている。航空カメラの種類には、フィルムによる撮影をおこなうフィルム航空カメラと、デジタル式のカメラを用いたデジタル航空カメラがある。

デジタル航空カメラは「GNSS/IMU装置」と組み合わせられることが多い。GNSS/IMU装置とは、GNSSとIMU装置を組み合わせたシステムである。GNSSは全地球上における航空機の現在位置をGNSS測量（キネマティック法）で観測することができる。IMU装置は慣性計測装置ともいわれ、空中写真の傾きを観測することができる。GNSSとIMU装置を組み合わせることで、カメラの位置を空中写真の撮影データと同期することができ、作業の時間短縮や効率化につながる。

過去問にチャレンジ!

1回目	月　日	2回目	月　日	3回目	月　日

選択肢を◯×で答えてみよう!

□□□ ◯ H29-17-1　空中写真測量では、現地測量に比べて広い範囲を一定の精度で測量することができる。

□□□ × H27-16-ア　GNSSは、人工衛星を使用して衛星位置を計測するシステムである。

□□□ ◯ H27-16-イ　GNSSは、全地球を対象とすることができるシステムであり、IMUは、慣性計測装置である。

□□□ × H27-16-ウ　空中写真測量においてGNSS/IMU装置を用いた場合、GNSS測量機でカメラの傾きを観測することができる。

□□□ ◯ H27-16-エ　空中写真測量においてGNSS/IMU装置を用いた場合、IMUでカメラの傾きを観測することができる。

1 空中写真による写真測量②

(2) 空中写真

空中写真は地図のような正射投影ではなく、中心投影である。

正射投影とは、地図のように地表面の点を鉛直真下に落としたものである。一方、中心投影とは、カメラのレンズの中心を通したものであり、高塔や高層建物は写真の鉛直点から放射状に広がるように地物が撮影され、高さのある地物ほど写真上の像が長く写る。

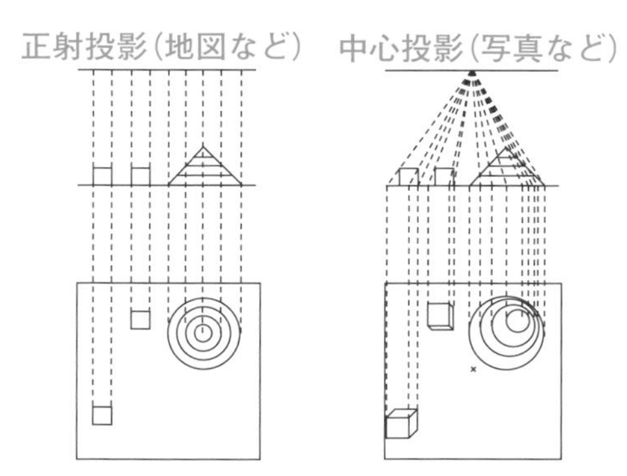

2 作業工程

◎重要部分をマスター！

写真測量では、以下の工程にしたがっておこなわれる。

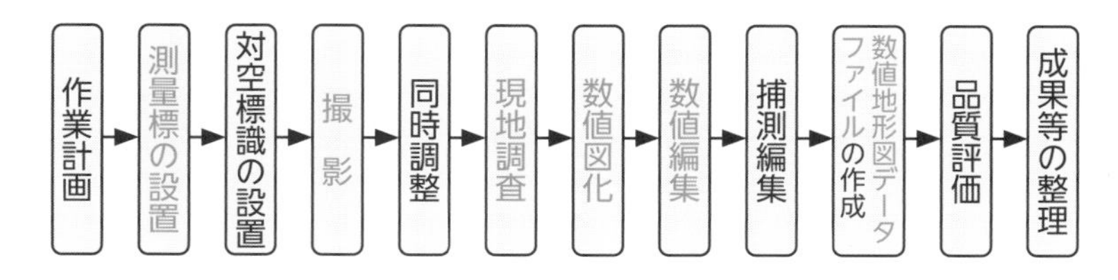

過去問にチャレンジ!

1回目	月 日	2回目	月 日	3回目	月 日

選択肢を○×で答えてみよう!

□□□ × H25-16-3
デジタル航空カメラで撮影した画像は、正射投影画像である。

□□□ ○ H29-17-4
高塔や高層建物は、写真の鉛直点を中心として放射状に広がるように写る。

〔　〕に何が入るか考えてみよう!

□□□ H28-17
図は、公共測量における空中写真測量の標準的な作業工程を示したものである。アからエに正しい語句を入れよ。

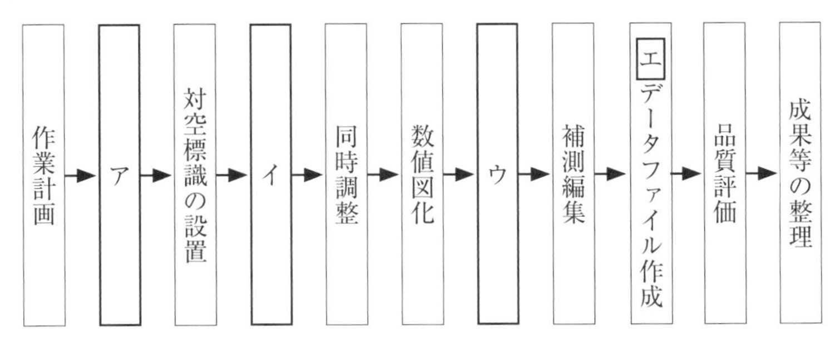

ア〔標定点の設置〕　イ〔撮影　〕
ウ〔数値編集　〕　エ〔数値地形図　〕

ここがポイント!

写真測量では、撮影された写真を実際の地上点と関連付ける作業をすることになるため、撮影対象エリア内に対応する点を用意します。この点を標定点といいます。

3 対空標識

◎重要部分をマスター！

写真測量では、高度上空の航空機から標定点を撮影することになるため、標定点が空中写真に明瞭に写り込むように（空中写真から肉眼で判別できるように）対空標識を設置することがある。

対空標識には以下の形状がある。明瞭な構造物がある場合は、これを対空標識に代えることもできる。

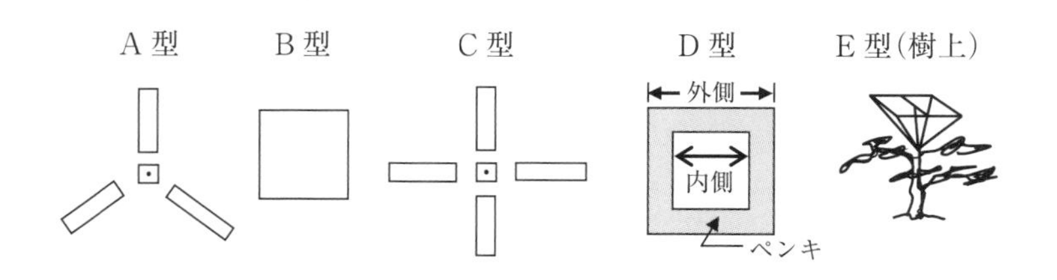

対空標識を設置する場合は、土地所有者または管理者の許可を得る必要がある。対空標識の保全などのために、公共測量・測量計画機関名・測量作業機関名・保存期限を明記する。対空標識のD型を建物の屋上に設置する場合は、建物の屋上にペンキで直接描くことができる。

基準点上に設置できない場合、対空標識を偏心して設置することができる。偏心した場合、偏心距離および偏心角を測定し、偏心計算をおこなうことになる。

設置した対空標識は、撮影作業完了後、速やかに現状を回復するものとする。

過去問にチャレンジ!

1回目	月　日	2回目	月　日	3回目	月　日

選択肢を○×で答えてみよう！

□□□ ○ H24-18-1	撮影した空中写真上で明瞭な構造物が観測できる場合、現地のその地物上で標定点測量を行い対空標識に代えることができる。
□□□ ○ H24-17-1	対空標識は、あらかじめ土地の所有者又は管理者の許可を得て設置する。
□□□ ○ H24-17-3	対空標識の保全等のため、標識板上に測量計画機関名、測量作業機関名、保存期限などを標示する。
□□□ × H24-17-4	対空標識を建物の屋上にペンキで直接描くことはない。
□□□ ○ H24-2-4	空中写真の撮影を行うため、基準点から偏心距離及び偏心角を測定し、対空標識を設置した。
□□□ × H24-17-5	対空標識は、他の測量に利用できるように撮影作業完了後も設置したまま保存する。

4 撮影

重要部分をマスター!

写真測量における撮影とは、航空機により上空から連続した空中写真を撮る作業を指す。GNSS/IMU 装置を用いても、装置がカメラの傾きを記録するに過ぎないため、必ず鉛直の空中写真が撮影されるわけでない。また、アナログ・デジタルに関わらず、カメラで撮影した空中写真の画像は、画質の点検をおこなう必要がある。

フィルム航空カメラで撮影された画像は、デジタルステレオ図化機を使った後続の作業のため、空中写真用スキャナを使用してデジタルデータにしなければならない。一方、デジタル航空カメラの場合、撮影された画像はデジタルデータとして保存されるため、その必要はない。

ここがポイント!

対空標識は標定点を目立たせるためのものなので、標定点を設置しないと、対空標識を設置することができません。さらに、撮影するためには事前に対空標識が必要ですので、対空標識を設置しないと、撮影をすることができません。このように、作業工程を覚える際には、それぞれの作業の前後関係を足がかりにするとよいです。

過去問にチャレンジ!

1回目	月　日	2回目	月　日	3回目	月　日

選択肢を○×で答えてみよう！

□□□ × H25-16-2	GNSS/IMU 装置を使った撮影では、必ず鉛直空中写真となる。
□□□ × H25-16-1	デジタル航空カメラで撮影した画像は、画質の点検を行う必要はない。
□□□ × H25-16-4	デジタル航空カメラは、雲を透過して撮影できる。
□□□ × H26-18-a	デジタルステレオ図化機では、デジタル航空カメラで撮影したデジタル画像のみ使用できる。
□□□ ○ H25-16-5	デジタル航空カメラで撮影した画像は、空中写真用スキャナを使う必要はない。

ここがポイント！

写真測量では、ステレオモデルを作成するため、重複した空中写真を撮影しなければなりません。そこで、効率的に重複した空中写真が撮れるよう、航空機を一定高度・一定速度で測量地域内を東西に横断させるように飛ばし、一定間隔で撮影することになります。

このとき、連続した写真は重複部分（オーバーラップ）が出るようにし、東西のコースも重複部分（サイドラップ）が出るように飛行します。

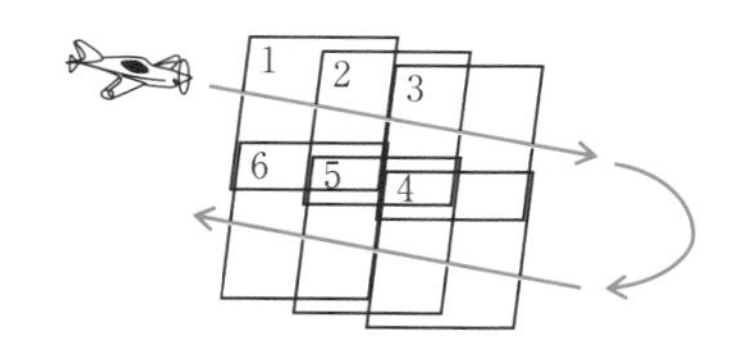

オーバーラップは必ず50％以上が必要であり、標準は60％となっています。

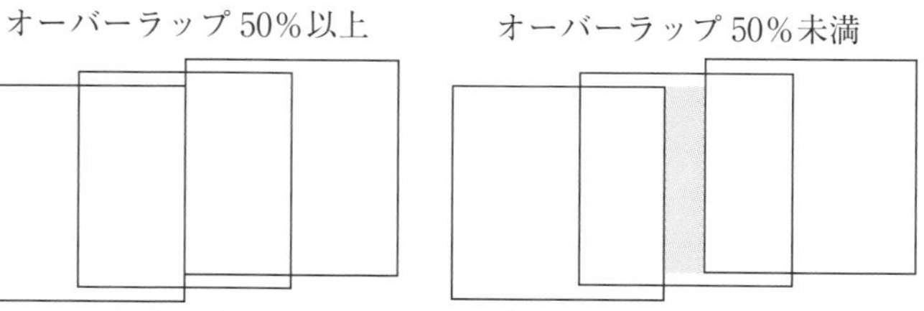

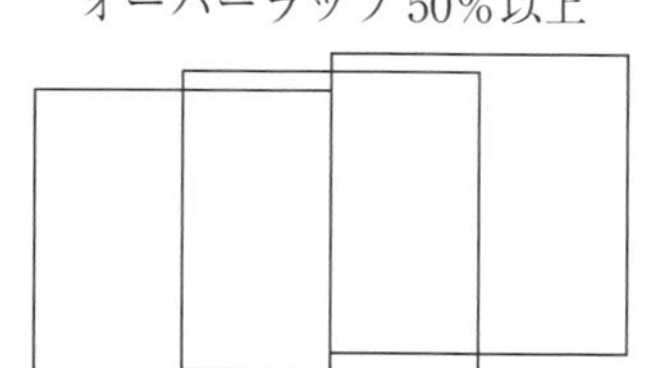

1枚の写真のうち、中心点のことを画面主点といい、連続する2枚の写真の画面主点の位置差を撮影基線長（主点基線長）といいます。また、撮影基線長は重複しない部分の幅と等しくなります。

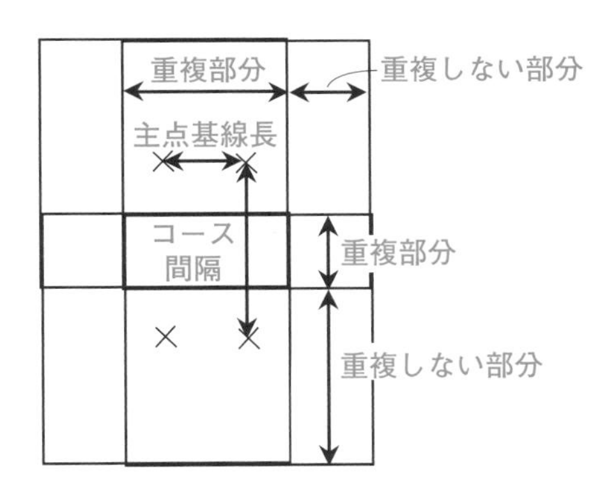

撮影基線長は2枚の空中写真の間隔になりますので、航空機の飛行速度が分かれば、撮影基線長から航空カメラのシャッター間隔を計算で求めることができます。

これらの知識は、比例による縮尺の計算問題で必要になることがあります。

5 パスポイントとタイポイント

◎重要部分をマスター！

重複部分を持った複数の写真を撮影する際、各写真の連結に使われる点として、パスポイントとタイポイントがある。

(1) パスポイント

パスポイントとは、同一コース内の連続する空中写真に共通する点のことをいう。パスポイントを重ねることで、空中写真をコース方向に連結させることができる。パスポイントは、重複部分の中央（画面主点付近）と両端（撮影基線に直角な両方向）に１点ずつ計３箇所以上設定する。付近がなるべく平たんで、連続する３枚の空中写真上で実体視ができる明瞭な場所を選点する。

原則として、このパスポイントで囲まれた区域内を各モデルでは数値図化することになる。

(2) タイポイント

タイポイントとは、隣接２本のコース間の接続に用いられる点をいう。隣接コースと重複している部分で、空中写真上明瞭な場所に、直線上にならないようジグザグに並ぶように配置する。また、タイポイントはパスポイントで兼ねることができる。

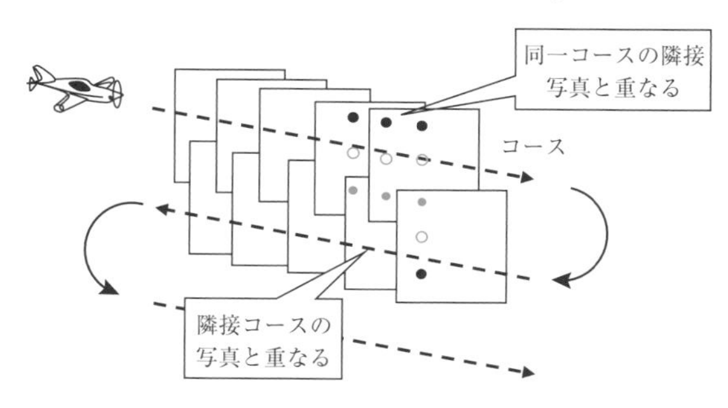

過去問にチャレンジ!

1回目	月 日	2回目	月 日	3回目	月 日

選択肢を○×で答えてみよう！

□□□ × H26-17-1	パスポイントは、隣接する撮影コース間の接続を行うために用いられる。
□□□ ○ H26-17-2	パスポイントは、各写真の主点付近及び主点基線に直角な両方向の、計3箇所以上に配置する。
□□□ × H22-18-3	パスポイントは、一般に各写真の主点付近及び主点基線上に配置する。
□□□ ○ H23-19-1	各モデルの図化範囲は、原則として、パスポイントで囲まれた区域内でなければならない。
□□□ ○ H26-17-3	タイポイントは、隣接する撮影コース間の接続を行うために用いられる。
□□□ × H26-17-4	タイポイントは、撮影コース方向に直線上に等間隔で並ぶように配置する。
□□□ ○ H26-17-5	タイポイントは、パスポイントで兼ねて配置することができる。

6 UAV写真測量

◎重要部分をマスター!

UAV 写真測量とは、UAV（無人航空機・ドローン）により地形、地物等を撮影し、その空中写真を用いて同時調整をすることで数値地形図データを作成する作業をいう。

・ UAV

ア　飛行禁止区域

DID（人口集中地区）や空港周辺、150m 以上の高さの空域を飛行するには、国土交通大臣の承認が必要となる。また、飛行許可があったとしても緊急用務空域では飛行させることができない。

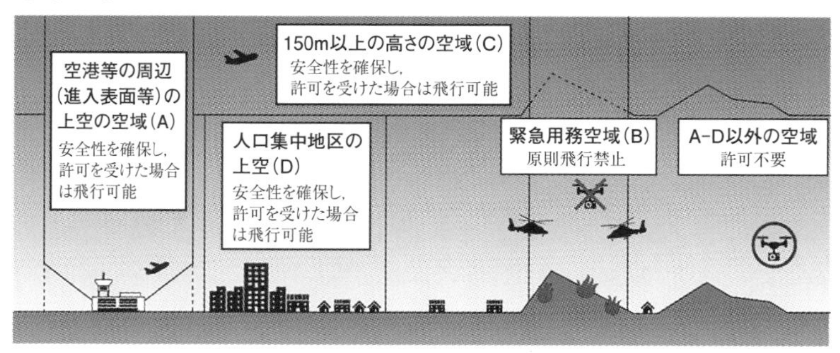

イ　有人航空機との比較

UAV は、有人航空機と比較すると、コストや天候条件の面でメリットがある。低空で飛行ができることから、局所の詳細なデータ取得に適している。

UAV を用いた数値地形図作成に関しては、有人航空機によるものと原理は変わらないものの、検査体制がないため、安全確保の観点から、飛行前後において試験飛行や試験撮影を行うとともに、必要な整備・点検を行う。

過去問にチャレンジ!

1回目	月　日	2回目	月　日	3回目	月　日

選択肢を○×で答えてみよう！

□□□ ○ 予想問題	数値地形図データ作成では、無人航空機（UAV）で一定の条件で撮影した空中写真も使用可能である。
□□□ ○ R03-20-1	UAVの使用にあたっては、UAVの運航に関わる法律、条例、規制などを遵守し、UAVを安全に運航することが求められる。
□□□ × R03-20-3	空港周辺以外であれば、自由にUAVを用いた測量を行うことができる。
□□□ ○ R03-20-5	一般に、UAVは有人航空機と比べ低空で飛行ができることから、局所の詳細なデータ取得に適している。
□□□ ○ 予想問題	撮影計画の確認や機器の点検のため試験飛行を行い、状況に合わせて臨機応変に計画を変更できるようにする。
□□□ ○ R03-20-2	UAVによる撮影は事前に計画をたて、現場での状況に応じて見直しが生じることを考慮しておく。
□□□ ○ R03-20-4	成果品の種類や、その必要精度などに応じて、適切に作業を実施することが求められる。
□□□ ○ 予想問題	作成した三次元点群データの位置精度を評価するため、標定点のほかに検証点を設置する。

ここがポイント!

国の重要施設（国会議事堂・官邸・外国公館・原子力発電所等）の上空や、人や建物と30mの距離を保てない飛行、夜間、目視範囲外の飛行も禁止されています。

7 写真判読と現地調査①

重要部分をマスター！

撮影された空中写真の特徴から、地上にある地物の種類を判断することができる。これを写真判読という。写真判読により地物を推定していくが、判読できないものや不確実なものについては現地調査をおこない、現地で判断することになる。

(1) 写真判読

空中写真で撮影された画像に写る地物の形状・大きさ・色調・模様などから現地の状況を写真判読していく。写真測量に用いられる主な地物の判読ポイントは以下のとおりである。

地物	判読ポイント
道路	交差点がある。カーブが多く、白く見える
鉄道	急カーブがなく、直線が多い線形。淡い褐色
橋	他の地物との位置関係。影がある
住宅地	規則的に並んだ建物。カラフルな屋根の色
学校	グラウンド・プール・体育館がある
ゴルフ場	細長い形状の緑地が複数ある
送電線	高塔が等間隔で並んでいる。線がある
広葉樹林	階調が明るく、丸みを帯びた樹冠。樹冠がはっきりしない
針葉樹林	階調が暗く、とがった樹冠
竹林	階調が明るく、一様なきめを示す
果樹園	樹冠が規則正しく並ぶ
茶畑	緑色の細長い筋上に並んでいる列
水田	区画に区切られ、あぜがある
畑	あぜがなく、耕地ごとに異なった階調
牧草地	きめが細かい。あぜがなく、サイロがある

過去問にチャレンジ!

1回目	月　日	2回目	月　日	3回目	月　日

選択肢を○×で答えてみよう！

□□□ ○ H29-17-5
空中写真に写る地物の形状、大きさ、色調、模様などから、土地利用の状況を知ることができる。

□□□ × H28-20-2
山間の植生で、比較的明るい緑色で、樹冠が丸く、それぞれの樹木の輪郭が不明瞭だったので、針葉樹と判読した。

□□□ ○ H28-20-1
道路に比べて直線又は緩やかなカーブを描いており、淡い褐色を示していたので、鉄道と判読した。

□□□ ○ H28-20-4
丘陵地で、林に囲まれた長細い形状の緑地がいくつも隣接して並んでいたので、ゴルフ場と判読した。

□□□ × H28-20-5
耕地の中に、緑色の細長い筋状に並んでいる列が何本もみられたので、果樹園と判読した。

□□□ ○ H28-20-3
水田地帯に、適度の間隔をおいて高い塔が直線状に並んでおり、塔の間をつなぐ線が見られたので、送電線と判読した。

7 写真判読と現地調査②

(2) 現地調査

写真判読が困難なものに関して、現地で調査をすることを現地調査という。撮影した写真に対して現地調査をおこなうので、工程は撮影後になる。また、事前に予察が必要となる。

予察とは、現地調査の着手前に、空中写真、参考資料などを用いて、陰影やハレーションなどの障害により写真判読では不明・不確実で図化できない部分をあらかじめ分類しておく作業をいう。現地調査における調査事項、調査範囲、作業量などを把握するためにおこなわれる。

予察をもとに現地調査をおこなうが、空中写真撮影後の変化状況や、市町村界など写真には写らないものについても現地調査をすることになる。調査結果の整理や点検は現地調査期間中におこなう。

8 同時調整①

◎重要部分をマスター！

同時調整とは、デジタルステレオ図化機を用いて、パスポイント、タイポイント、標定点の位置と標高を測定することをいう。これにより、ステレオモデルを作成することができ、平面への図化が可能となる。

デジタルステレオ図化機では、標定点との重ね合わせや、GNSS/IMU 装置が観測した外部標定要素（カメラの位置や傾き）を用いて同時調整をすることで、空中写真を数値図化することができる。

過去問にチャレンジ!

1回目	月　日	2回目	月　日	3回目	月　日

選択肢を○×で答えてみよう!

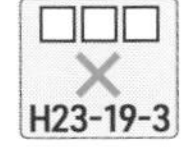

陰影、ハレーションなどの障害により図化できない箇所がある場合は、その部分の同時調整を再度実施しなければならない。

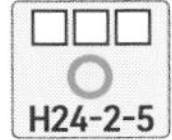

現地調査の予察を、空中写真、参考資料等を用いて、調査事項、調査範囲、作業量等を把握するために行った。

空中写真測量における数値地形図データ作成の現地調査において、調査した事項の整理及び点検を現地調査期間中に行った。

デジタルステレオ図化機では、外部標定要素を用いた同時調整を行うことができる。

ここがポイント!

予察のとおりに調査ができているのかを確認するため、現地調査の調査結果の整理や点検は、現地調査の期間中にしなければなりません。

8 同時調整②

(1) デジタルステレオ図化機

写真測量の成果をデジタル化する装置をデジタルステレオ図化機という。

デジタルステレオ図化機は、コンピュータ上で動作するデジタル写真測量用ソフトウェア、コンピュータ、ステレオ視装置、ディスプレイ、三次元マウスまたはXYハンドルおよびZ盤などから構成され、数値地図化データを画面上で確認することができる。デジタルステレオ図化機で使用するデジタル画像は、フィルム航空カメラで撮影したロールフィルムを空中写真用スキャナにより数値化して取得するほか、デジタル航空カメラにより取得する。

段差の大きい人工斜面などの地形が急激に変化する場所では、急激に変化する点を結ぶように標高データを取得すると、標高データの誤差を軽減できる。これをブレークライン法という。

(2) 数値編集

現地調査などの結果に基づき、数値図化データを編集することを数値編集という。計測データの取得漏れ、誤り、接合部分の位置不一致などを訂正し、編集済データを作成する。

編集済データの点検は、点検用の出力図やモニター上でおこなわれ、論理的矛盾などは点検プログラムによりおこなわれる。

その後、編集済データに対して、補備測量を加味した補測編集をおこない、補測編集済データを作成することになる。この補測編集済データから数値地形図データファイルを作成し、品質評価を経て、成果である数値地形図データとなる。

過去問にチャレンジ！

1回目	月　日	2回目	月　日	3回目	月　日

選択肢を○×で答えてみよう！

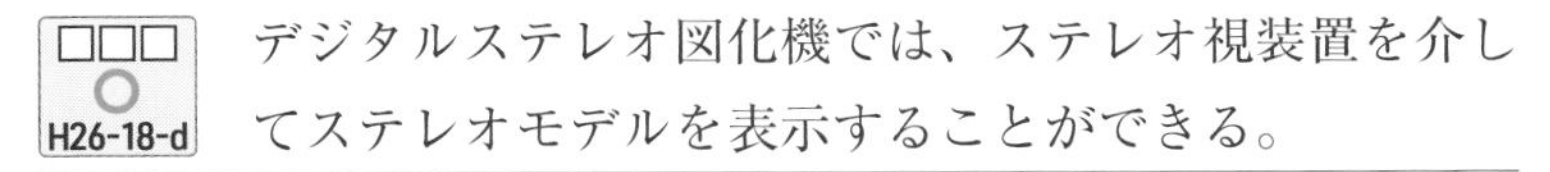

□□□ ○ H26-18-d

デジタルステレオ図化機では、ステレオ視装置を介してステレオモデルを表示することができる。

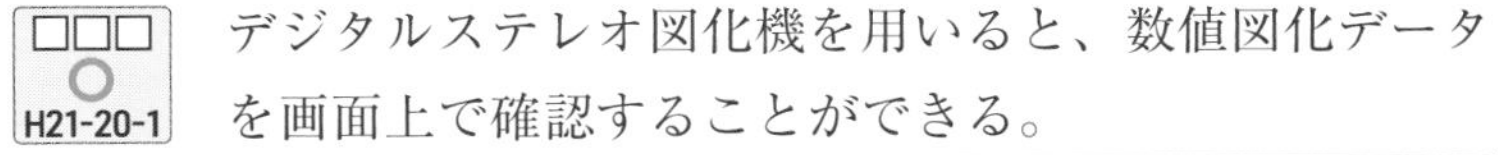

□□□ ○ H21-20-1

デジタルステレオ図化機を用いると、数値図化データを画面上で確認することができる。

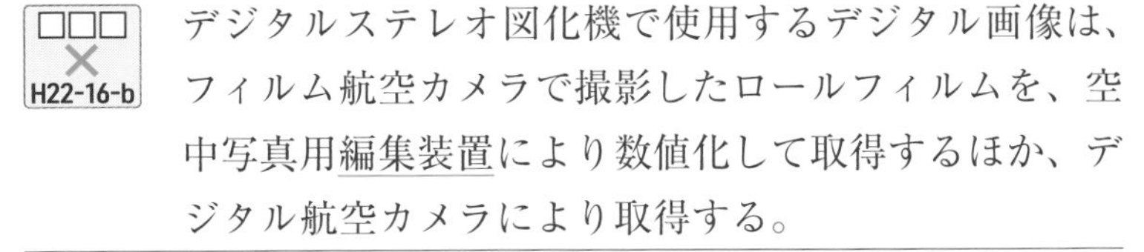

□□□ × H22-16-b

デジタルステレオ図化機で使用するデジタル画像は、フィルム航空カメラで撮影したロールフィルムを、空中写真用編集装置により数値化して取得するほか、デジタル航空カメラにより取得する。

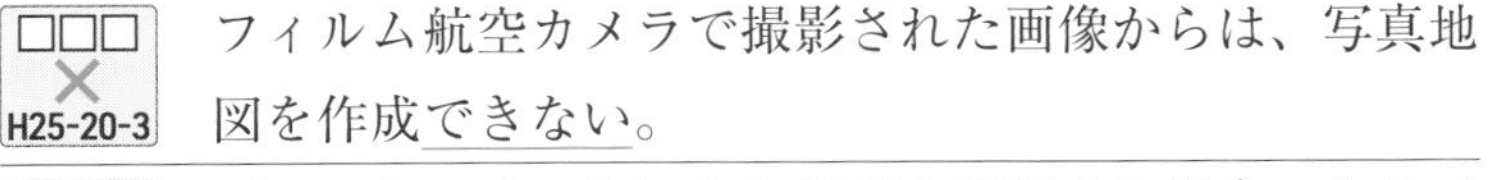

□□□ × H25-20-3

フィルム航空カメラで撮影された画像からは、写真地図を作成できない。

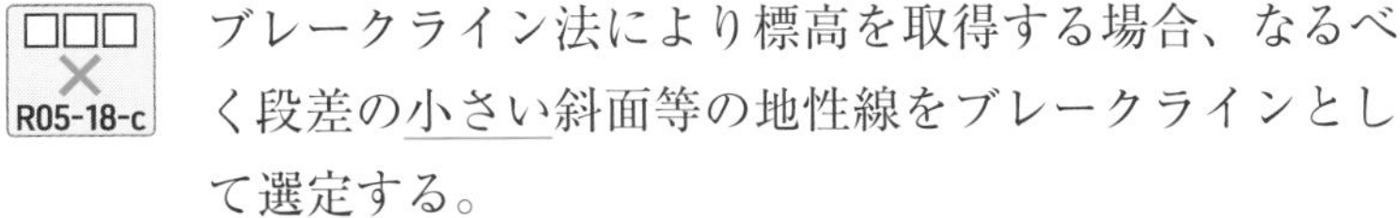

□□□ × R05-18-c

ブレークライン法により標高を取得する場合、なるべく段差の小さい斜面等の地性線をブレークラインとして選定する。

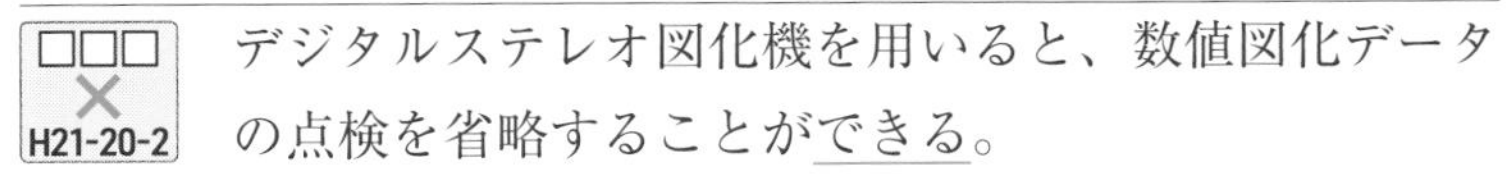

□□□ × H21-20-2

デジタルステレオ図化機を用いると、数値図化データの点検を省略することができる。

ここがポイント！

作業の内容よりも、「数値図化」→「数値編集」→「補測編集」→「数値地形図データファイル作成」という作業の流れを特に押さえてください。

9 写真地図作成①

重要部分をマスター!

デジタル航空カメラで撮影された空中写真や、空中写真用スキャナによりデジタル化した空中写真を、デジタルステレオ図化機などにより正射変換し、必要に応じてモザイク画像を作成することで写真地図データファイルを作成する作業のことを写真地図作成という。作成された写真地図は地理情報システムの説明画像や背景画像などにも使われる。

(1) 写真地図作成の作業工程

標定点や対空標識を設置後、空中写真の撮影をおこなう。撮影された空中写真をもとに同時調整をおこない、デジタルステレオ図化機により数値地形モデル（DTM）を作成する。

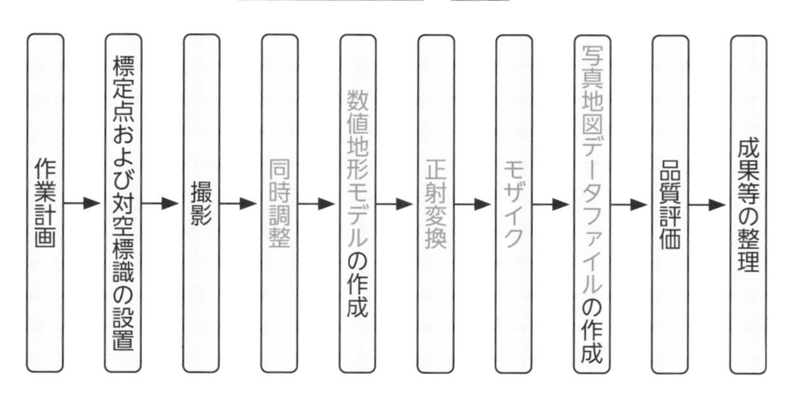

ここがポイント!

写真測量も写真地図作成も、航空機を用いて空中写真を撮影する作業は同じなので、作業工程は似ています。写真地図作成は図面を作成することがないので測量や現地調査の工程がありません。比較して覚えましょう。どちらも作業工程の出題があります。

過去問にチャレンジ!

1回目	月 日	2回目	月 日	3回目	月 日

選択肢を○×で答えてみよう！

□□□ × H24-19-1
写真地図は画像データのため、そのままでは地理情報システムで使用することができない。

□□□ ○ H26-18-b
デジタルステレオ図化機では、数値地形モデルを作成することができる。

□□□ × H22-16-d
一般にデジタルステレオ図化機を用いることにより、スキャン画像を作成することができる。

〔　〕に何が入るか考えてみよう！

□□□ H23-20
図は、公共測量における写真地図作成の標準的な作業工程を示したものである。アからエに正しい語句を入れよ。

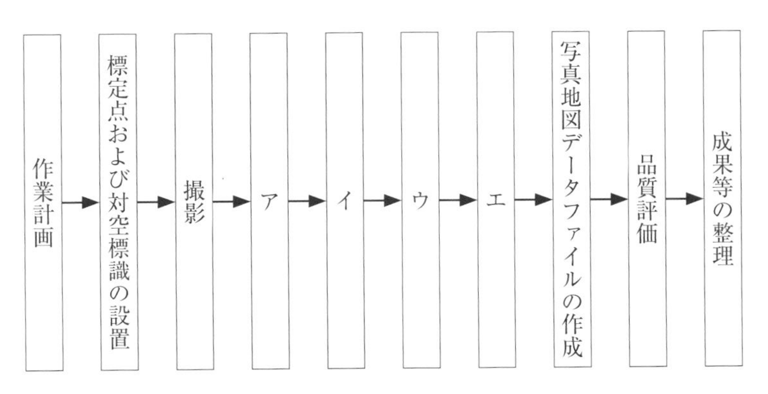

ア〔同時調整〕　イ〔数値地形モデルの作成〕
ウ〔正射変換〕　エ〔モザイク〕

9 写真地図作成②

(2) 写真地図

写真地図（オルソフォト）とは、正射投影された空中写真をつなぎ合わせたものである。正射投影された画像（これを「オルソ画像」という。）であるため、通常の空中写真（中心投影）と異なり、実体視をすることができない。

写真地図も方位と縮尺を持つ地図であるため、地形図と同様に図上で距離を計測することができる。しかし、等高線に相当する表現がないため、図上で傾斜を計測することはできない。

(3) 正射変換

空中写真は中心投影のため、写真地図にするためには正射投影に変換する必要がある。この変換には、写真区域の標高データである数値地形モデルを用いる。平たんな場所より起伏の激しい場所のほうが、地形の影響によるひずみが生じやすい。

(4) モザイク

複数の正射変換された空中写真をつなぎ合わせて写真地図を作成する場合、重複する部分の位置や色などを調整し接合する技術をモザイクという。

過去問にチャレンジ!

1回目	月　日	2回目	月　日	3回目	月　日

選択肢を○×で答えてみよう！

□□□ × H25-20-1	写真地図は、正射投影されているので実体視できる。
□□□ ○ H25-20-2	写真地図は、地形図と同様に図上で距離を計測することができる。
□□□ × H30-19-4	オルソ画像は、画像上で土地の傾斜を計測することができる。
□□□ ○ H24-19-5	平たんな場所より起伏の激しい場所のほうが、地形の影響によるひずみが生じやすい。
□□□ × H25-20-5	モザイクとは、写真地図の解像度を下げる作業をいう。

ここがポイント!

1枚の写真地図は複数の空中写真を貼り合わせて作成します。単純に並べただけだと色調の違いなどからパッチワークのようになってしまうので、1枚の大きな空中写真として違和感のないように、モザイク処理をします。

10 計算問題（写真測量）

◎重要部分をマスター！

写真測量の分野では、①空中写真上の長さから実際の長さを計算する「縮尺の計算」、②空中写真に写った地物の位置と長さから実際の高さを計算する「比高の計算」が計算問題として出題されます。

(1) 縮尺の計算

デジタル航空カメラで撮影された空中写真はラスタデータなので、μm を単位とする画素寸法を持つ画素の集合になります。1つの画素に相当する地上の範囲のことを地上画素といいます。

1 μm は、0.000001m です。

航空機から空中写真を撮影しますが、撮影高度が高いほど、1枚の写真に写る範囲は広くなり、縮尺も小さくなります。同様に、撮影高度が高いほど、地上画素の寸法は大きくなります。

縮尺は実際の地物の長さと写真上の像の長さの比で表すことができますが、この比は画面距離と撮影高度の比でもあります。

$$\frac{1}{\text{縮尺}} = \frac{\text{地物の写真上の長さ}}{\text{地物の実長}} = \frac{\text{画面距離}}{\text{撮影高度}}$$

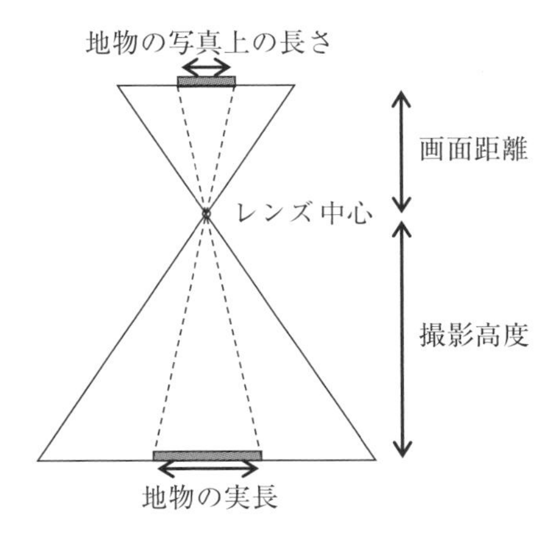

ここがポイント！

〈撮影高度と対地高度の違いとは〉

撮影高度とひとことでいっても、海抜からの飛行高度である海抜撮影高度と、対象となる地物からの比高である対地高度の２つがあります。計算問題でもこれらを混同しないように注意しましょう。

また、地物の長さでなく、デジタル航空カメラの画素数で縮尺を考える問題が出題されることもあります。この場合、写真に写った地物を画素数×画素寸法（素子寸法）で考えることで、地物の長さで考える場合と同様に解くことができます。

ほかにも様々な出題パターンがありますが、いずれも比を用いることで解くことができます。

⑵ 比高の計算

空中写真は中心投影のため、高さのある地物ほど写真上の像が長く写る特徴があります。また、同じ高さの地物でも、写真の鉛直点（中心）から離れるにつれて写真上の像は長く写ります。

これを利用すると、空中写真から地物の比高（高さ）を測定することができます。

地物の比高については、次の比例関係が成り立ちます。

地物の高さ：対地撮影高度＝写真上の像の長さ：鉛直点から像の先端までの距離

つまり、対地撮影高度×写真上の像の長さ÷鉛直点から像の先端までの距離を計算することで、像の高さを求めることができます。

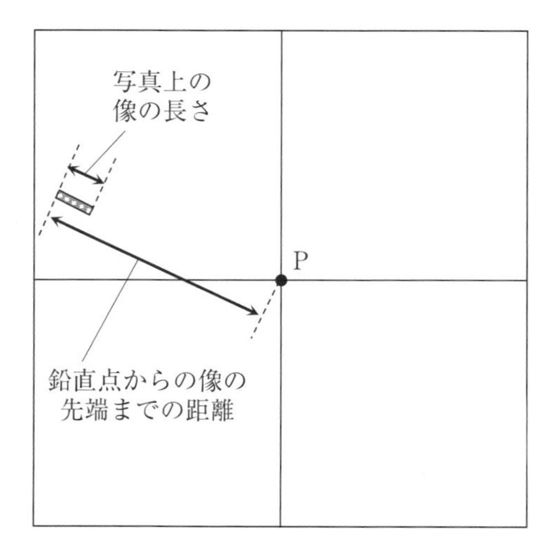

過去問にチャレンジ!

1回目	月　日	2回目	月　日	3回目	月　日

画面距離10cm、撮像面での素子寸法12μmのデジタル航空カメラを用いて、海面からの撮影高度2,500mで、標高500m程度の高原の鉛直空中写真の撮影を行った。この写真に写っている橋の長さを数値空中写真上で計測すると1,000画素であった。

この橋の実長は幾らか。最も近いものを次の中から選べ。

ただし、この橋は標高500mの地点に水平に架けられており、写真の短辺に平行に写っているものとする。

1　180m
2　240m
3　300m
4　360m
5　420m

解答・解説をチェック！

平成 27 年第 18 問（縮尺の計算）	正解：2

比例による縮尺の計算をする問題である。

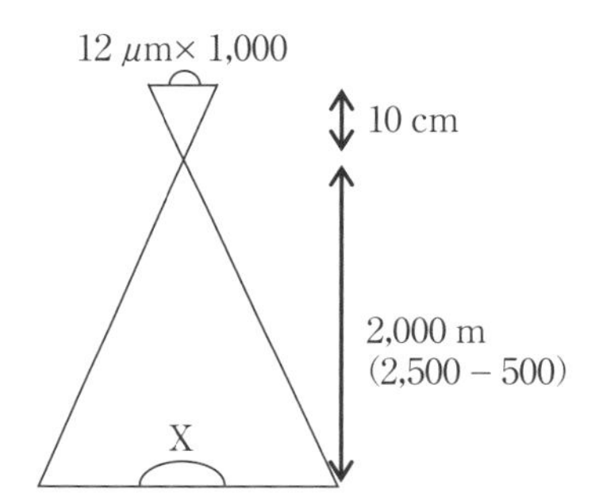

橋の写真上の長さは、12μm × 1,000 画素 = 12,000μm = 0.012m となる。

撮影高度は橋が標高 500m 地点にあるので、2,500m − 500m = 2,000m となる。

$\frac{\text{地物の写真上の長さ}}{\text{地物の実長}} = \frac{\text{画面距離}}{\text{撮影高度}}$ であるから、橋の実長（X）は以下の比例式になる。

0.012m：X m ＝ 10cm：2,000m

単位を合わせると、

1.2cm：Xm ＝ 10cm：2,000m

これを変形し、計算をして X を求める。

X = 1.2 × 2,000 ÷ 10 = **240m**

よって、もっとも近いものは肢 2 である。

過去問にチャレンジ!

1回目	月　日	2回目	月　日	3回目	月　日

航空カメラを用いて、海面からの撮影高度1,900mで標高100mの平たんな土地を撮影した鉛直空中写真に、鉛直に立っている直線状の高塔が写っていた。図のように、この高塔の先端は主点Pから70.0mm離れた位置に写っており、高塔の像の長さは2.8mmであった。

この高塔の高さは幾らか。最も近いものを次の中から選べ。

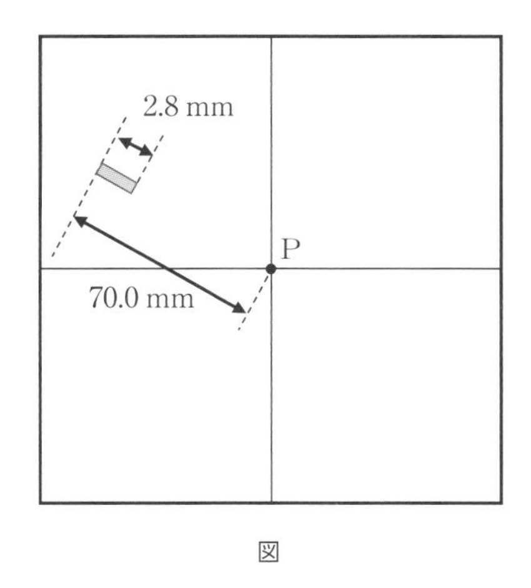

図

1　68m
2　72m
3　76m
4　80m
5　84m

解答・解説をチェック！

平成 29 年第 20 問（比高の計算）	正解：2

空中写真から、地物の比高を計算する問題である。

地物の高さを知りたい場合、対地撮影高度×写真上の地物の長さ÷鉛直点から像の先端までの距離を計算する。

比高＝対地撮影高度×写真上の長さ÷鉛直点から像の先端までの距離
＝1,800m × 2.8mm ÷ 70mm
＝1,800m × 0.0028m ÷ 0.07m
＝72m

よって、もっとも近いものは肢2である。

第7章

三次元点群測量

数値地形図データを作成する地形測量では、三次元点群データを用いたレーザ測量によりおこなわれることがあります。レーザなどを使って地形の三次元点群を計測し、それを加工することで、三次元点群データや数値地形図データを作成します。

1 航空レーザ測量①

◎重要部分をマスター！

航空レーザ測量とは、航空機から地上に向けてレーザパルスを発射し、地表面や地物で反射して戻ってきたレーザパルスを解析し、地形の標高データを高密度・高精度に観測する測量である。

(1) 航空機

観測に用いる航空機には、レーザ測距儀と合わせてGNSS/IMU装置とデジタル航空カメラを搭載している。GNSS/IMU装置によってレーザ測距儀の位置や傾きも同時に計測し、フィルタリングおよび点検のためにデジタル航空カメラから地上の写真も同時に撮影される。

航空機の位置をキネマティック法で求めるための基準局として、電子基準点を用いることができる。

(2) 作業工程

航空レーザ測量により取得された点群データは、調整用基準点での計測値との比較やコース間での標高値の点検により、精度検証と標高値補正がされてオリジナルデータとなる。

オリジナルデータには、地表面だけでなく、構造物や植生で反射された点群も含まれる。そのため、地表面以外のデータを取り除くフィルタリングをおこなうことにより、グラウンドデータ（地表面の三次元座標データ）を作成することができる。

過去問にチャレンジ!

1回目	月 日	2回目	月 日	3回目	月 日

選択肢を○×で答えてみよう!

□□□ ○ H30-20-1	航空レーザ測量は、航空機からレーザパルスを照射し、地表面や地物で反射して戻ってきたレーザパルスを解析し、地形などを計測する測量方法である。
□□□ × H30-20-3	対地高度以外の計測諸元が同じ場合、対地高度が高くなると、取得点間距離が短くなる。
□□□ ○ H30-20-4	フィルタリング及び点検のための航空レーザ用数値写真を同時期に撮影する。
□□□ × H29-19-4	航空レーザ測量では、GNSS/IMU 装置を用いるため、計測の点検及び調整を行うための基準点を必要としない。
□□□ ○ R05-20-2	グラウンドデータとは、オリジナルデータから、地表面以外のデータを取り除くフィルタリング処理を行い作成した、地表面の三次元座標データである。
□□□ ○ H30-20-5	航空レーザ測量で計測したデータには、地表面だけでなく、構造物や植生で反射したデータも含まれる。
□□□ ○ H28-18-3	航空レーザ測量では、計測データを基にして数値地形モデルを作成することができる。

ここがポイント!

レーザによる測距は間隔をおいておこなわれるので、距離を計測できていない部分が発生します。前後の標高から間の距離を推定して補間する作業を内挿補間といいます。

1 航空レーザ測量②

(3) グリッドデータ

グラウンドデータは、ランダムな位置の地表の標高を表したデータであるため、内挿補間(ないそうほかん)によりDEMなどのグリッドデータや不整三角網状のTINデータへ変換（構造化）することも多い。

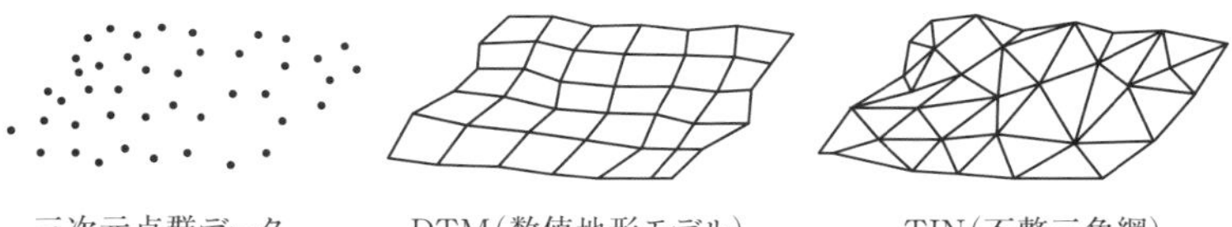

三次元点群データ　DTM（数値地形モデル）　TIN（不整三角網）

DEM（数値標高モデル）やDTM（数値地形モデル）は、メッシュ（格子）状に区切られたラスタ型の地表面標高データである。同様のメッシュ状の標高データとして、建物や樹木などの高さを含めた表層の標高データであるDSM（数値表層モデル）がある。いずれも格子間隔が小さくなるほどデータ数が大きくなり詳細な地形を表現できる。

航空レーザ測量をはじめとする三次元点群測量のグラウンドデータから内挿補間により作成されるほかに、地形図の等高線から作成されたり、デジタルステレオ図化機によって空中写真から作成されたりする。

DEMを利用すると地形の断面図や等高線データを作成できるので、これを応用して2つの格子点間の視通を判断したり、傾斜角を計算したりすることができる。ほかにも、写真地図を作成するための空中写真の正射投影への変換や、地理情報システムでは水害による浸水範囲のシミュレーションなどにも利用される。

過去問にチャレンジ!

1回目	月　日	2回目	月　日	3回目	月　日

選択肢を○×で答えてみよう!

□□□ × H29-15-ア	DEMとは、地物の上面の標高を表した格子状のデータのことである。
□□□ × H25-19-d	DTMは、その格子間隔が大きいほど詳細な地形を表現できる。
□□□ × H25-20-4	写真地図作成には、航空レーザ測量による高精度の数値地形モデル（DTM）が必須である。
□□□ × H23-15-4	DTMは等高線データから作成することができないが、等高線データはDTMから作成することができる。
□□□ ○ H24-20-4	航空レーザ測量で作成した数値地形モデル（DTM）から、等高線データを発生させることができる。
□□□ ○ H23-15-2	DTMを用いて水害による浸水範囲のシミュレーションを行うことができる。

2 地上レーザ測量

◎重要部分をマスター！

地上レーザ測量（TLS）とは、地上レーザスキャナを用いて地形、地物等を観測し、オリジナルデータなどの三次元点群データや数値地形図データを作成する作業をいう。

(1) 地上レーザスキャナ

地上レーザ測量で用いる地上レーザスキャナとは、地上に設置した機器から計測対象物に対しレーザ光を照射し、対象物までの距離と角度を測定することにより、対象物の位置や形状を三次元観測データ（高密度の標高値群とその反射強度）として計測する機器である。地上レーザスキャナからの距離測定は、照射から受光までの時間差を計測するTOF（タイム・オブ・フライト）方式か、照射と受光の際の光の位相差を計測する位相差方式で行う。

(2) 観測上の注意点

地上レーザスキャナを用いた計測を行う場合は、地上レーザスキャナから照射したレーザ光と対象物とがなす入射角や、対象物までの距離に留意する。入射角が小さくなると、反射光の強度が弱くなることに加え、レーザ光の各点の照射範囲が広がり距離測定の精度が悪くなる。

そのため、斜面を計測する場合の観測の方向は、地形の低い方から高い方への向きを原則とする。これは、下から見る方が、入射角が大きくなるからである。

過去問にチャレンジ!

1回目	月　日	2回目	月　日	3回目	月　日

選択肢を○×で答えてみよう！

地形測量では、地上レーザスキャナで取得された高密度の標高値群とその波長を基に地物などを描画していく。

地上レーザスキャナから同じ水平距離内においては、上り斜面に向けて観測を行った場合より下り斜面に向けて観測を行った場合のほうが、多くの観測点を得ることができる。

地上レーザスキャナから見た放射方向の座標精度の悪化を補うためには観測点密度を高める必要があり、その方法として同一の場所から機械高を変えて観測することが有効である。

地上レーザ測量では、不必要な情報はラストリターンパルスのみによっては自動的に除去することが比較的難しいため、地上レーザ測量の対象地域はレーザ光を遮るものが少ない地域に限定することが望ましいと考えられる。

ここがポイント!

これに対して、航空レーザ測量では、上空から地上に向けてレーザ光を照射するため、ラストリターンパルス（反射強度の強い地表面からの反射）によって地表面を識別できます。これにより、電線や樹木といった数値地形図データ作成に不必要な情報を自動的に除去することができます。

3 車載写真レーザ測量

重要部分をマスター!

車載写真レーザ測量（MMS）とは、車両（自動車）に搭載したGNSS/IMU 装置やレーザ測距装置、計測用カメラなどを用いて、主として道路およびその周辺の地形や地物などを広範囲・短時間でデータ取得する技術である。

航空レーザ測量が上空から地表面の標高データを観測するのに対し、車載写真レーザ測量では自走した自動車から横方向に地物を観測するため、航空レーザ測量では計測が困難である電柱やガードレールなど、道路と垂直に設置されている地物のデータ取得に適しており、トンネル内や高架下などの上空視界が確保できない場所においても数値地形図データが作成できる。

車載写真レーザ測量で作成する数値地形図データの地図情報レベルは 500 および 1000 を標準とする。

車載されたレーザスキャナにより、周辺にある地物の平面位置と高さを連続して観測し、三次元点群データを取得することができる。このデータを使用することで、構造物の形状の三次元モデルを作成することができる。

過去問にチャレンジ!

1回目	月 日	2回目	月 日	3回目	月 日

選択肢を○×で答えてみよう！

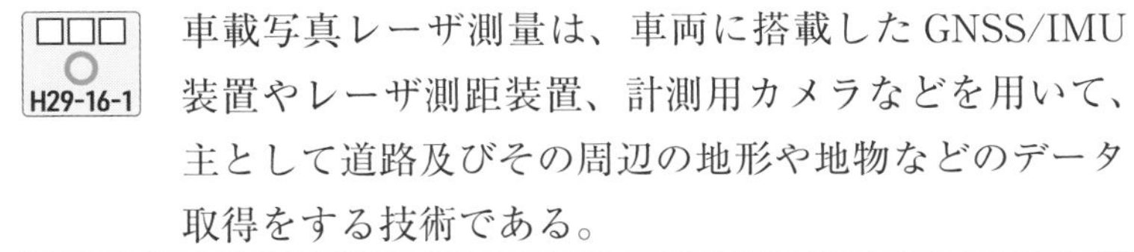

□□□ ○ H29-16-1

車載写真レーザ測量は、車両に搭載したGNSS/IMU装置やレーザ測距装置、計測用カメラなどを用いて、主として道路及びその周辺の地形や地物などのデータ取得をする技術である。

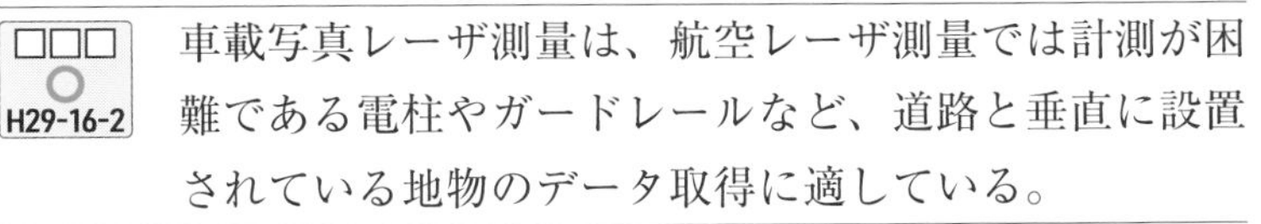

□□□ ○ H29-16-2

車載写真レーザ測量は、航空レーザ測量では計測が困難である電柱やガードレールなど、道路と垂直に設置されている地物のデータ取得に適している。

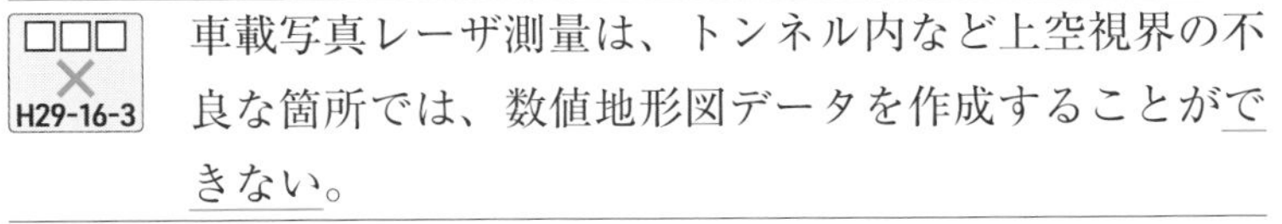

□□□ × H29-16-3

車載写真レーザ測量は、トンネル内など上空視界の不良な箇所では、数値地形図データを作成することができない。

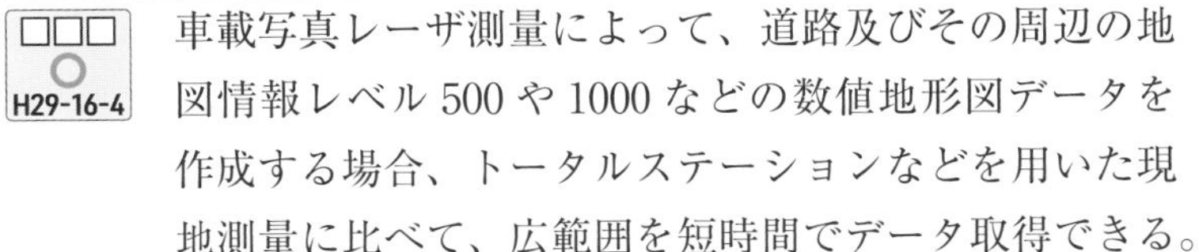

□□□ ○ H29-16-4

車載写真レーザ測量によって、道路及びその周辺の地図情報レベル500や1000などの数値地形図データを作成する場合、トータルステーションなどを用いた現地測量に比べて、広範囲を短時間でデータ取得できる。

4 UAV写真点群測量

◎重要部分をマスター！

UAV写真点群測量とは、UAVにより地形、地物等を撮影し、高い地上画素寸法を持った数値写真（デジタル空中写真）に対して三次元形状復元計算をすることで、特徴点を抽出し、オリジナルデータ等の三次元点群データを作成する作業をいう。

(1) 観測

UAVにより撮影された空中写真を用いて作成する三次元点群データの位置精度を評価するため、標定点のほかに検証点を設置する。検証点は、標定点からできるだけ離れており、作業地域内で、平坦な場所か傾斜が一様な場所に均等に配置する。設置する検証点の数は、標定点の総数の半数以上を標準とする。

UAV写真点群測量は、同時調整のために隣接空中写真との重複が必要であり、地表が完全に植生に覆われ、地面が写真に全く写らないような地区では実施することは適切でない。よって、植生のない裸地での運用が適している。

(2) 三次元形状復元計算

三次元形状復元計算とは、撮影した空中写真と標定点を基に、外部標定要素と空中写真の各特徴点の座標値を求めることで、地形、地物等の三次元形状を復元し、オリジナルデータを作成する作業をいう。また、UAV写真点群測量におけるカメラのキャリブレーションは、三次元形状復元計算において、セルフキャリブレーションを行うことが標準となる。

UAV写真点群測量では、オーバーラップを80%以上、サイドラップを60%以上として撮影することが標準となる。ただし、撮影後に写真重複度の確認が困難な場合には、オーバーラップを90%以上、サイドラップを60%以上として撮影する。

過去問にチャレンジ!

1回目	月　日	2回目	月　日	3回目	月　日

選択肢を○×で答えてみよう!

□□□ ○ R05-19-1
UAVを飛行させるに当たっては、機器の点検を実施し、撮影飛行中に機体に異常が見られた場合、直ちに撮影飛行を中止する。

□□□ ○ R05-19-3
検証点は、標定点からできるだけ離れた場所に、作業地域内に均等に配置する。

□□□ ○ R05-19-4
UAV写真点群測量は、裸地などの対象物の認識が可能な区域に適用することが標準である。

□□□ × R05-19-2
三次元形状復元計算とは、撮影した数値写真及び標定点を用いて、地形、地物などの三次元形状を復元し、反射強度画像を作成する作業をいう。

□□□ ○ R04-18-2
UAV写真点群測量に用いるデジタルカメラは、性能等が当該測量に適用する作業規定に規定されている条件を満たしていれば、一般的に市販されているデジタルカメラを使用してもよい。

□□□ ○ R05-19-5
カメラのキャリブレーションについては、三次元形状復元計算において、セルフキャリブレーションを行うことが標準である。

5 その他の三次元点群測量

◎重要部分をマスター！

(1) 航空レーザ測深

航空レーザ測深（ALB）とは、航空レーザ測量と同様に、航空機から地上に向けたレーザパルスから、陸上だけでなく、水底、水面の地形の標高データを高密度・高精度に観測する測深測量である。

通常の航空レーザ測量で使用される近赤外線レーザは水面で反射してしまうため、水底地形を計測できる緑波長レーザも同時に使用される。

水底地形のフィルタリングは、水中の濁り、漁業関連施設、水生植物、浮草等から反射したデータを取り除くが、地形面として判断できる部分は可能な限り採用するものとする。

(2) UAVレーザ測量

UAV レーザ測量とは、UAV に位置姿勢データ取得装置とレーザ測距装置を搭載し、地形、地物等を観測し、オリジナルデータなどの三次元点群データや数値地形図データを作成する作業をいう。

撮影した空中写真からではなく、直接レーザ測距装置から三次元点群データを取得する点で、UAV 写真点群測量と異なる。

観測に用いる UAV には、レーザ測距装置とあわせて GNSS/IMU 装置が搭載されているが、デジタル航空カメラはレーザ測距装置と同時搭載されない場合もある。

過去問にチャレンジ!

1回目	月　日	2回目	月　日	3回目	月　日

選択肢を○×で答えてみよう！

航空レーザ測深では、近赤外波長のレーザ光の他に緑波長のレーザ光を用いているため、レーザ計測で得られるデータは雲の影響を受けない。

航空レーザ測深において近赤外レーザと緑波長レーザの２種類以上の計測データを取得した場合には、点群データを結合するものとする。

UAV レーザ測量では、フィルタリング及び点検のために撮影する数値写真は、レーザ計測と同時に撮影しなければならない。

UAV レーザ測量では、フィルタリング、数値図化等において画像による地物確認に用いるため、要求仕様に基づき数値写真を撮影するが、数値写真の撮影は、計測範囲の状況等が変化しないよう、可能な限り計測と同時期に行わなければならない。

ここがポイント!

公共測量で三次元点群データを作成するための測量技術には、航空レーザ測量の他に、地上レーザ点群測量（TLS)、車載写真レーザ測量（MMS)、UAV 写真点群測量などがあります。

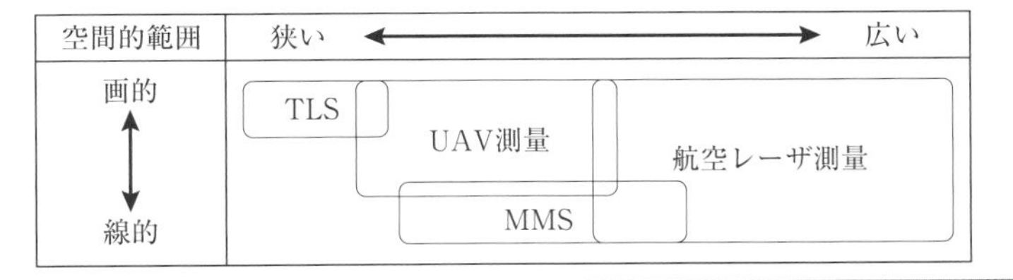

地図編集

地図編集とは、既存の地形図や数値地形図データをもとに、地図情報レベルがより大きい数値地形図データを新たに作成する作業です。
今までの章では測量に関する知識を学習してきましたが、この章はこれまでの測量で得た測量成果を地図にするために必要な知識を学習します。

1 地図編集

重要部分をマスター!

編集において基本となる既存の地図を基図といい、これにより作成された新たな地図を編集図（編集原図データ）という。基図の縮尺は、編集図の縮尺よりも大きく（詳細）、かつ、最新の地図を採用する。

(1) 地図の種類

ア　一般図

一般図は、国土地理院発行の地形図のように、特定の目的を持たない汎用の地図をいう。一般図は、地形の状況や交通施設・建物などの地物の状況、地名・施設の名称などを図式にしたがって表示し、多目的に使用できるように作成される。

図式とは、地図を表現する際のルールをいい、地図で表示する記号や文字などの表現様式を規定している。

イ　主題図

主題図は、特定の主題内容に重点を置いて表現した地図をいい、一般図を主題図の基図として用いることが多い。例えば、地震や洪水などの災害をもたらす自然現象を予測して、想定される被害や範囲を示したハザードマップなどがある。これらは地理情報システムを用いて作成され、特定の主題内容に応じて表現様式を変えることで、一般図にはない地図表現をすることができる。

過去問にチャレンジ!

1回目	月　日	2回目	月　日	3回目	月　日

選択肢を○×で答えてみよう!

□□□ × H29-23-a　新たに編集して作成する地図の基図は、より縮尺が小さく、かつ最新のものを使用する。

□□□ ○ H28-24-1　地震・洪水などの災害をもたらす自然現象を予測して、想定される被害の種類・程度とその範囲をハザードマップに示した。

□□□ ○ H28-24-2　地震災害、洪水災害など災害の種類に応じたハザードマップを作成した。

□□□ × H28-24-3　洪水災害のハザードマップの使用を希望した者がハザードマップを作成した自治体の職員ではなかったので、使用を許可しなかった。

□□□ ○ H28-24-4　地域の土地の成り立ちや地形・地盤の特徴、過去の災害履歴などの情報を用いてハザードマップを作成した。

ここがポイント!

地形図などの一般図では地図記号として統一された記号しか使用することができませんが、主題図ならば、例えば「災害時に災害の危険から身を守るための緊急避難所」と「一時的に滞在するための施設となる避難所」で別の記号を表示することもできます。

2 編集作業①

重要部分をマスター!

地図編集において、基図の内容をそのまま縮小しても、見やすさなどの問題から大きい地図に表現することは難しい。そのため、基図の各事項において、図式に従い、取捨選択・総描(そうびょう)・転位を同時におこないながら編集作業をする必要がある。

(1) 取捨選択

基図をもとに縮尺の小さい地図を作成する場合、完成後の地図が見づらくなってしまうので、重要度の高い地図情報を残し、その他の情報を適切に省略する必要がある。これを地図編集における取捨選択という。

重要度の高い地図情報として、公共性のある地物（学校・病院）などがある。建物が密集して、すべてを表示することができない都心部などでは、建物の向きと並びを考慮し、取捨選択して描画される。

(2) 総描

基図をもとに縮尺の小さい地図を作成する場合、そのままでは形状が複雑になり読みづらくなることがある。そこで、形状を適宜簡略化して表示する必要が生じる。これを地図編集における総描（総合描示）という。

例えば、山間部の細かい屈曲のある等高線などは、地形の特徴を考慮して総描することになる。

過去問にチャレンジ!

1回目	月　日	2回目	月　日	3回目	月　日

選択肢を○×で答えてみよう！

□□□ × H29-23-b
基図を基に縮尺の小さい地図を作成する場合、重要度の高い地図情報を選択し、その他の情報を適切に省略する必要がある。これを地図編集における総描という。

□□□ ○ H27-22-c
建物が密集して、すべてを表示することができない場合は、建物の向きと並びを考慮し、取捨選択して描画する。

□□□ ○ R02-23-2
取捨選択に当たっては、表示対象物は縮尺に応じて適切に取捨選択し、かつ正確に表示する。また、重要度の高い対象物を省略することのないようにする。

□□□ × H29-23-c
基図を基に縮尺の小さい地図を作成する場合、形状を適宜簡略化して表示する必要が生じる。これを地図編集における転位という。

□□□ ○ H27-22-d
細かい屈曲のある等高線は、地形の特徴を考慮して総描する。

2 編集作業②

(3) 転位

基図をもとに縮尺の小さい地図を作成する場合、地図記号などが重なることがある。そこで、地形や地物の重要性に応じて、相対的位置関係を乱さないように必要最小限の量でこれらを移動させることになる。これを地図編集における転位という。

真位置に編集描画すべき地物の一般的な優先順位は以下のとおりである。

三角点→河川→道路→建物→等高線→行政界→植生→注記

この優先順位には以下の原則がある。

① 基準点（三角点・電子基準点）の転位は許されない（水準点は転位されることがある）
② 地形や地物の相対的な位置関係は乱さないようにする
③ 有形の自然地物（河川、海岸線、水部など）と人工地物（道路、鉄道など）では人工地物を転位する
④ 骨格となる人工地物（道路、鉄道など）とその他の人工地物（建物など）ではその他の人工地物を転位する
⑤ 有形線（河川、道路など）と無形線（等高線、境界など）では無形線を転位する

(4) 注記

注記とは、文字または数値による地図上の表示をいい、地域、人工物、自然地物などの名称、特定の記号のないものの名称、標高値、等高線数値などに用いる。地図に描かれているものを分かりやすく示すため、その対象により文字の種類、書体、字列などに一定の規範を持たせる。

過去問にチャレンジ!

1回目	月　日	2回目	月　日	3回目	月　日

選択肢を○×で答えてみよう！

□□□ ○ H27-22-b	真位置に編集描画すべき地物の一般的な優先順位は、三角点、道路、建物、等高線の順である。
□□□ ○ H27-22-e	鉄道と海岸線が近接する場合は、海岸線を優先して表示し、鉄道を転位する。
□□□ × H25-21-3	真位置に編集描画すべき地物の一般的な優先順位は、三角点、等高線、道路、建物、注記の順である。
□□□ × H28-23-d	三角点及び水準点は転位することはできない。
□□□ ○ H28-23-e	転位にあたっては、相対的位置関係を乱さないようにする。
□□□ ○ H30-23-3	一条河川は、原則として転位しない。

ここがポイント!

通常、河川の中に三角点はありませんので、河川は原則として転位しないことになります。

3 地形図の読図①

◎重要部分をマスター！

測量士補試験では地形図を読む問題が出題される。正しく読むためには、地形図の記号を把握しておかなければならない。

(1) 地図記号

地図記号には基準点を表すもの、建物の種類を表すもの、道路・線路を表すもの、植生を表すものに大きく分けることができる。

ア　基準点を表す地図記号

基準点など	
△(中に点) 136.6	三角点
□(中に点) 144.5	水準点
● 116	標高点
(旗付き三角) 24.1	電子基準点

※数値は標高値を表す。

イ　植生を表す地図記号

植生記号					
記号	配置	意味	記号	配置	意味
‖	‖ ‖ ‖	田	∴	∴ ∴ ∴	茶畑
V	V V V	畑・牧草地	Q	Q Q Q	広葉樹林
♁	♁ ♁ ♁	果樹園	Λ	Λ Λ Λ	針葉樹林
Y	Y Y Y	桑畑	ıIı	ıIı ıIı ıIı	荒地

ウ　建物の種類を表す地図記号

建物記号など					
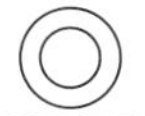	市役所・東京都の区役所		工場		記念碑
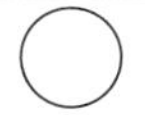	町村役場・政令指定都市の区役所		発電所・変電所		自然災害伝承碑
	官公庁		小・中学校		電波塔
	裁判所		高等学校		灯台
	税務署	 (大)	大学	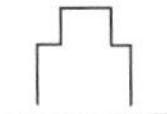	城跡
	警察署	 (専)	高等専門学校		史跡・名勝・天然記念物
	交番・駐在所		病院		噴火口・噴気口
	消防署		神社		温泉・鉱泉
	保健所		寺院		漁港
	郵便局	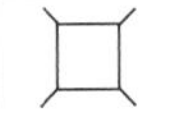	高塔		老人ホーム
	博物館		図書館		風車

ここがポイント!

老人ホームや図書館、風車、電子基準点などは、新しく制定された地図記号になります。

3 地形図の読図②

(2) 等高線

等高線は地表面の標高が等しい地点をつないで作られた線をいう。等高線を見ることで、地形の特徴を判読することができる。等高線は主に主曲線（1/25,000 の地形図では 10 m ごと）で描かれる。見やすくするため、5 本おきに太く描き、これを計曲線（1/25,000 の地形図では 50 m ごと）という。緩い傾斜地など、主曲線の間隔では地形を表現できない場合、補助曲線という破線を用いる。

等高線の種類	1/10,000 での間隔	1/25,000 での間隔	1/50,000 での間隔
主曲線 —— 1 ——	平地・丘陵地 2 山　地 4	10	20
計曲線 ━━ 5 ━━	平地・丘陵地 10 山　地 20	50	100
補助曲線 ------ 5 ------	平地・丘陵地 1 山　地 2	平地・丘陵地 5 山　地 10	平地・丘陵地 10 山　地 20

（単位：m）

等高線は間隔が広いところは傾斜が緩やかであり、間隔が狭いところは傾斜が急であると読み取ることができる。また、正しい等高線の場合、山の尾根線や谷線と直角に交わり、等高線が途中で２本以上に分岐したり交わったりすることなく、図面の内または外で必ず閉合する。等高線が閉合する部分には山頂やおう地（窪(くぼ)んだ土地）がある。

また、等高線以外の標高を示す記号として標高点があり、主要な山頂、道路の主要な分岐点や主な傾斜の変換点などに選定し、なるべく等密度に分布するように配置する。

過去問にチャレンジ!

1回目	月　日	2回目	月　日	3回目	月　日

選択肢を○×で答えてみよう！

□□□ ○ H30-15-2
計曲線は、等高線の標高値を読みやすくするため、一定本数ごとに太めて描かれる主曲線である。

□□□ ○ H30-15-3
補助曲線は、主曲線だけでは表せない緩やかな地形を適切に表現するために用いる。

□□□ ○ H30-15-4
山の尾根線や谷線は、等高線と直角に交わる。

□□□ × H30-15-2
閉合する等高線の内部には必ず山頂がある。

□□□ ○ H24-18-5
標高点は、主要な山頂、道路の主要な分岐点、主な傾斜の変換点などに選定し、なるべく等密度に分布するように配置する。

□□□ × H29-24-4
標高の段彩図を作成する際、平地の微細な起伏を表すため、同じ色で示す標高の幅を、傾斜の急な山地に比べ平地では広くした。

ここがポイント!

等高線は線で標高を表現する方法ですが、色で標高を表現する方法もあります。その１つとして一般的なものが段彩図です。段彩図は同じ標高部分を同じ色で表現する方法ですが、等高線と異なり、等間隔で色を変える必要がありません。そのため、傾斜が緩やかなところは微地形を表現するために色間の間隔を狭くするなどして、等高線にはない地図表現をすることができます。

4 地理情報システム①

重要部分をマスター!

地理情報システム（GIS：Geographic Information System）とは、地理的位置を手がかりに、位置に関する情報を持った空間データ（地理空間情報）を総合的に管理・加工し、視覚的に表示することで高度な分析や迅速な判断を可能にする技術である。

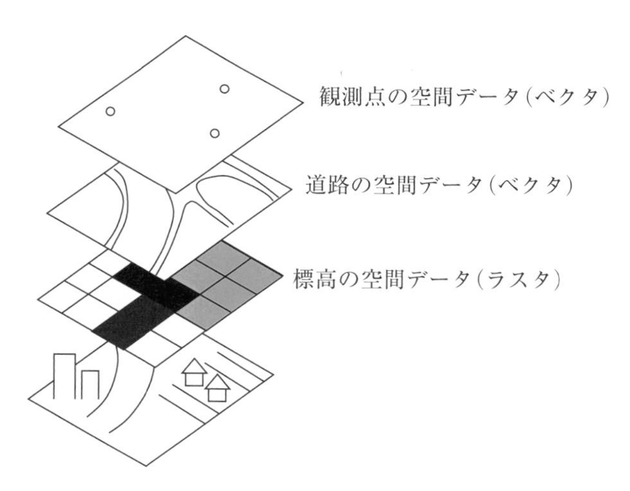

ここがポイント!

測量士補試験では、地理情報システムの機能に関する問題が出題されます。地理情報システムの機能として、空間データの重ね合わせができる点に特に注目しましょう。一方、航空カメラや人工衛星から撮影された空中写真などの画像からは市町村の行政界など現実に存在しないものは写らないので、地理情報システムを用いても抽出することはできません。

頻出問題にチャレンジ!

1回目	月　日	2回目	月　日	3回目	月　日

選択肢を○×で答えてみよう！

□□□ ○ H25-23-1
ネットワーク化された道路中心線データを利用し、火災現場の住所を入力することにより、消防署から火災現場までの最短ルートを表示し、到達時間を計算するシステムを構築することができる。

□□□ ○ H25-23-2
交通施設、観光施設や公共施設などの情報と地図データを組み合わせることにより、施設の名称や住所により指定した場所の周辺案内ができるシステムを構築することができる。

□□□ × H23-24-2
地球観測衛星「だいち」で観測された画像から市町村の行政界を抽出し、市町村合併の変遷を視覚化するシステムを構築することができる。

□□□ ○ H25-23-3
避難所、道路、河川や標高などのデータを重ね合わせることで、洪水の際に、より安全な避難経路を検討するシステムを構築することができる。

□□□ × H25-23-4
デジタル航空カメラで撮影された画像から市町村の行政界を抽出し、市町村合併の変遷を視覚化するシステムを構築することができる。

□□□ ○ H25-23-5
地中に埋設されている下水管の位置、経路、埋設年、種類、口径などのデータを基盤地図情報に重ね合わせて、下水道を管理するシステムを構築することができる。

4 地理情報システム②

(1) データの形式

地理情報システムでは空中写真や測量結果など、様々な空間データを使用することになる。扱うデータの保存形式として、ラスタデータとベクタデータがある。これらは相互に変換することができ、地理情報システムでの重ね合わせをすることができる。ただし、変換すると画質や精度が落ちる。

ア ラスタデータ

ラスタデータとは、図形を一定の大きさの画素の集合で表現するデータ形式である画素の集合であるため、それぞれの画素に座標値や属性を付けることができる。一定の大きさの画素を並べたデータのため、拡大しても詳細な形状を見ることはできない。衛星画像データやスキャナを用いて取得した地図画像データなどはラスタデータの例である。

イ ベクタデータ

ベクタデータとは、図形を座標値と方向で表現するデータ形式である。点、面、線を表現することができ、それぞれに属性を付加することができる。座標値を持っているため、閉じた図形を表すベクタデータを用いて図形の面積を算出することができる。道路中心線のベクタデータを用いれば、道路ネットワークを構築することによって、道路上の２点間の経路検索がおこなえる。細部測量で観測された点で作られたデータなどはベクタデータの例である。

過去問にチャレンジ!

1回目	月　日	2回目	月　日	3回目	月　日

選択肢を○×で答えてみよう!

□□□ ○ H26-24-1	GISを用いて、ベクタデータを変換処理して、新たにラスタデータを作成することができる。
□□□ × H26-24-2	GISを用いて、ラスタデータの地図を投影変換して新たなラスタデータの地図を作成しても、画質は低下しない。
□□□ ○ R02-24-1	ラスタデータは、地図や画像などを微小な格子状の画素（ピクセル）に分割し、画素ごとに輝度や濃淡などの情報を与えて表現するデータである。
□□□ × H24-24-1	ラスタデータは、ディスプレイ上で任意の倍率に拡大や縮小しても、線の太さを変えずに表示することができる。
□□□ ○ R02-24-2	ベクタデータは、図形や線分を、座標値を持った点又は点列で表現したデータであり、線分の長さや面積を求める幾何学的処理が容易にできる。
□□□ × H22-24-2	衛星画像データやスキャナを用いて取得した地図画像データは、ベクタデータである。
□□□ × R02-24-4	ネットワーク構造化されていない道路中心線データに、車両等の最大移動速度の属性を与えることで、ある地点から指定時間内で到達できる範囲がわかる。

4 地理情報システム③

(2) 空間データ

地理情報システムで使用する空間データ（地理空間情報）を使用しやすくする仕組みとして、クリアリングハウスや地理情報標準（JPGIS）がある。

ア　クリアリングハウス

空間データをある目的で利用するためには、目的にあった空間データの所在を検索し、入手する必要がある。クリアリングハウスは、空間データの作成者がメタデータを登録し、利用者がそのメタデータから、空間データをインターネット上で検索するための仕組みである。

メタデータとは、データのためのデータであり、空間データの作成者・管理者などの情報や、品質に関する情報などを説明するための様々な情報が記述されている。空間データの品質評価の結果をメタデータに記載することで、その空間データの利用者が、他の目的で利用できるかどうかを判断することが容易になる。

イ　地理情報標準

空間データの作成を行政が作業計画機関となっておこなう場合、空間データの仕様書として空間データ製品仕様書を作成する。空間データを作成するときにはデータの設計書として、利用するときにはデータの説明書として利用することができる。

空間データを異なるシステム間で相互利用する際の互換性の確保を主な目的に、地理情報標準が定められた。これにより、異なる整備主体で整備されたデータの共用、システム依存性の低下、重複投資の排除などの効果を期待することができる。

過去問にチャレンジ!

1回目	月　日	2回目	月　日	3回目	月　日

選択肢を○×で答えてみよう！

□□□ ×　H21-24-ア
地理情報標準は、地理空間情報をインターネット上で検索するための仕組みである。

□□□ ○　H21-24-イ
クリアリングハウスでは、地理空間情報の作成者がメタデータを登録する。

□□□ ×　H21-24-ウ
メタデータには、地理空間情報の利用者・管理者などの情報や、品質に関する情報などを説明するための様々な情報が記述されている。

□□□ ○　H22-24-4
地理情報標準は、地理空間情報の相互利用を容易にするためのものである。

□□□ ○　H22-24-5
空間データ製品仕様書は、空間データを作成するときにはデータの設計書として、空間データを利用するときにはデータの説明書として利用できる。

5 計算問題（地図編集）

重要部分をマスター！

地図編集の分野では、①地形図をもとに図面上で直定規を使って地図上の距離などを計測して実際の距離などを計算したり、地形図の地図記号を正しく判断して位置関係を答える「地形図の読図」、②ベクタデータで作成された道路中心線や街区面の模式図から、その後の GIS 識別コードを付ける作業の内容を答える「GIS 識別コード」が計算問題として出題されます。

(1) 地形図の読図

地形図の読図の問題として、直定規で指定された点間距離を計測し、地図の縮尺をかけることで実際の距離を計算する「水平距離」、指定された点の周辺等高線や、基準点または水準点に書かれた標高を読み取り、差を出すことで計算する「標高差」、図郭四隅の経緯度または三角点の経緯度が示され、それをもとに指定された点の経緯度を計算する「経緯度」の３パターンが出題されます。

(2) GIS 識別コード

ベクタデータで作成された道路中心線や街区面の模式図から、その後の GIS 識別コードを付ける作業の内容を答える問題が出題されます。線が道路中心線で、道路中心線で囲まれた面が街区となっており、問題文を読んで図を確認することで答えが出せます。

過去問にチャレンジ!

1回目	月　日	2回目	月　日	3回目	月　日

図は、国土地理院刊行の1/25,000地形図の一部（縮尺を変更、一部を改変）である。明らかに間違っているものはどれか。

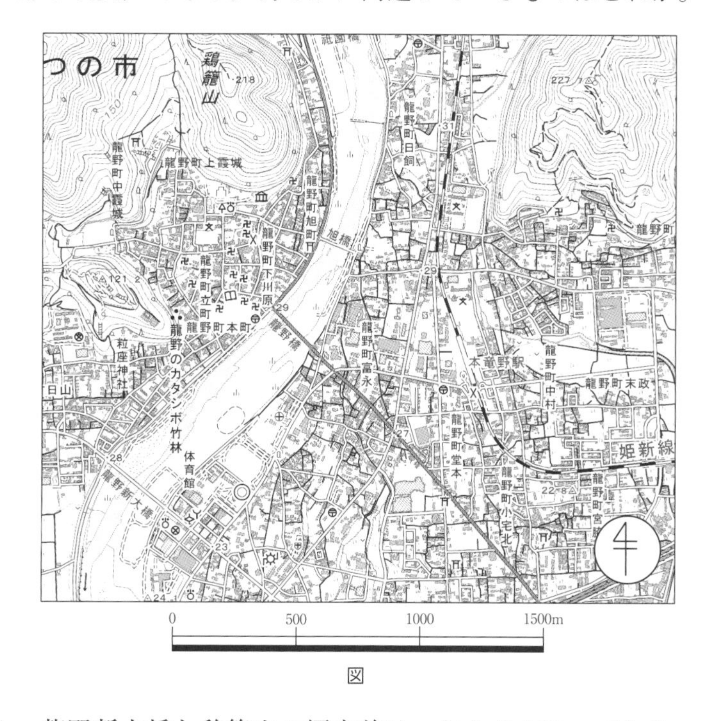

図

1　龍野新大橋と鶏籠山の標高差は、およそ190mである。
2　龍野のカタシボ竹林は、史跡、名勝又は天然記念物である。
3　龍野橋と龍野新大橋では龍野新大橋の方が下流に位置する。
4　裁判所と税務署では税務署の方が北に位置する。
5　本竜野駅の南に位置する交番から警察署までの水平距離は、およそ1,320mである。

解答・解説をチェック！

平成30年第21問（地形図の読図）	正解：4

地形図の読図に関する正誤問題である。

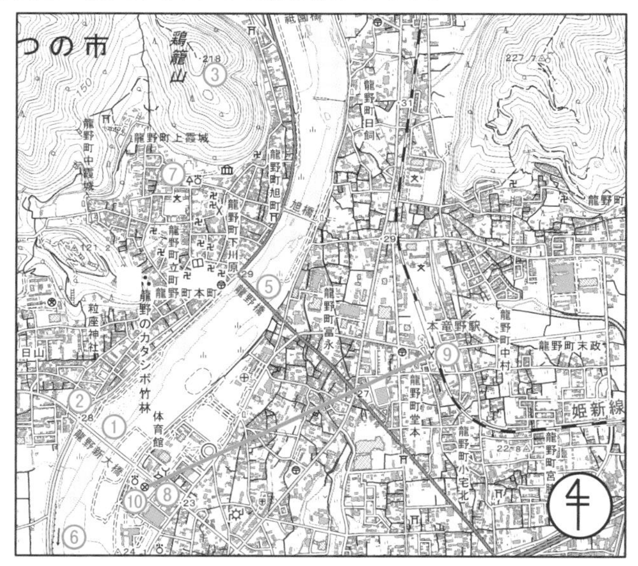

1　○　龍野新大橋（①）付近の標高点（②）は28mであり、鶏籠山山頂の標高点（③）は218mなので、標高差は190mである。

2　○　龍野のカタシボ竹林（④）には史跡・名勝・天然記念物を示す地図記号「∴」がある。

3　○　龍野橋（⑤）と龍野新大橋（①）がかかる河川には、河川の方向を示す地図記号「↓」（⑥）があることから、下流にある橋は龍野新大橋である。

4　×　裁判所（⑦）の南側に税務署（⑧）がある。

5　○　本竜野駅の南に位置する交番（⑨）から警察署（⑩）までの赤い線を直定規で読み取り、地形図下のスケールと合わせると、約1,320mとなる。

過去問にチャレンジ!

1回目	月　日	2回目	月　日	3回目	月　日

図は、ある地域の交差点、道路中心線及び街区面のデータについて模式的に示したものである。この図において、P1 ～ P7は交差点、L1 ～ L9は道路中心線、S1 ～ S3は街区面を表し、既にデータ取得されている。街区面とは、道路中心線に囲まれた領域をいう。この図において、P1とP7間に道路中心線L10を新たに取得した。次のa～eの文は、この後必要な作業内容について述べたものである。明らかに間違っているものだけの組合せはどれか。次の中から選べ。

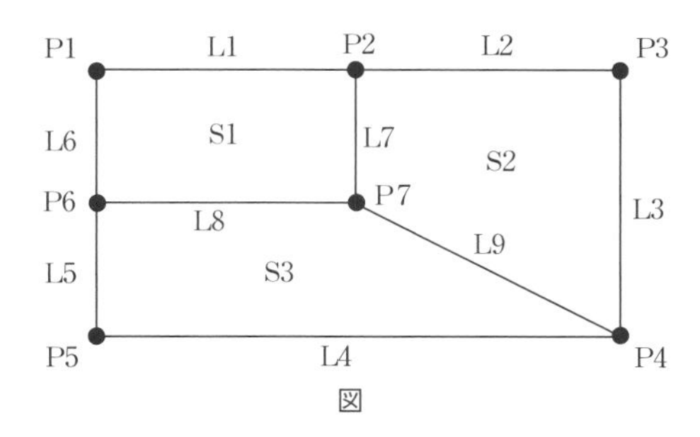

図

a　道路中心線L6、L10、L8により街区面を取得する。
b　道路中心線L8、L9、L4、L5により街区面を取得する。
c　道路中心線L2、L3、L9、L7により街区面を取得する。
d　道路中心線L1、L7、L10により街区面を取得する。
e　道路中心線L1、L7、L8、L6により街区面を取得する。

1　a、b、c
2　a、c、d
3　a、d、e
4　b、c、e
5　b、d、e

解答・解説をチェック!

平成24年第15問（GIS識別コード）	正解：4

GIS識別コードに関する正誤問題である。

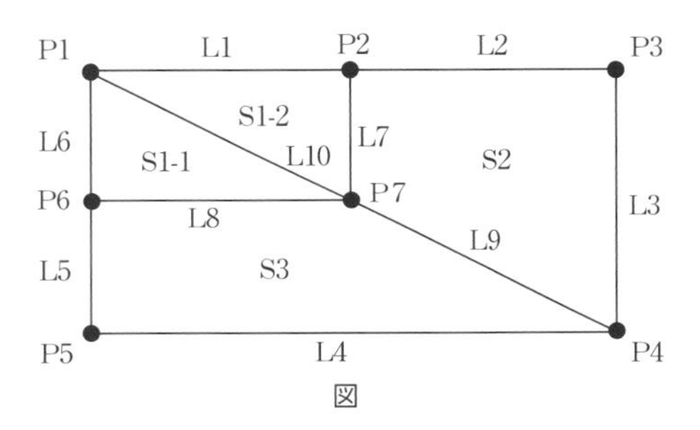

図

P1とP7間に道路中心線L10を新たに取得したことにより、S1がS1－1とS1－2の2つの街区に分割されるため、これを新たに取得する必要がある。

a　○　L6、L10、L8から構成されるのは街区面S1－1であり、新たに取得する必要がある。

b　×　L8、L9、L4、L5から構成されるのは街区面S3であり、すでに取得している。

c　×　L2、L3、L9、L7から構成されるのは街区面S2であり、すでに取得している。

d　○　L1、L7、L10から構成されるのは街区面S1－2であり、新たに取得する必要がある。

e　×　L1、L7、L8、L6から構成されるのは街区面S1であり、すでに取得している。

よって、明らかに間違っているものはb、c、eであり、その組合せは肢4である。

第 9 章

応用測量

1. 路線測量
2. 河川測量
3. 用地測量
4. 計算問題

応用測量とは、公共事業を前提としておこなわれる測量であり、主に道路のための測量である「路線測量」、主に河川のための測量である「河川測量」、用地取得のために土地と境界を調査する「用地測量」の３分野に区分されています。
それぞれの分野ごとの計算問題も出題されます。

1 路線測量①

重要部分をマスター!

路線測量とは、主に道路の新設、改修、維持管理のために用いられる測量である。

・ 作業工程

路線測量は、以下の工程にしたがって行われる。

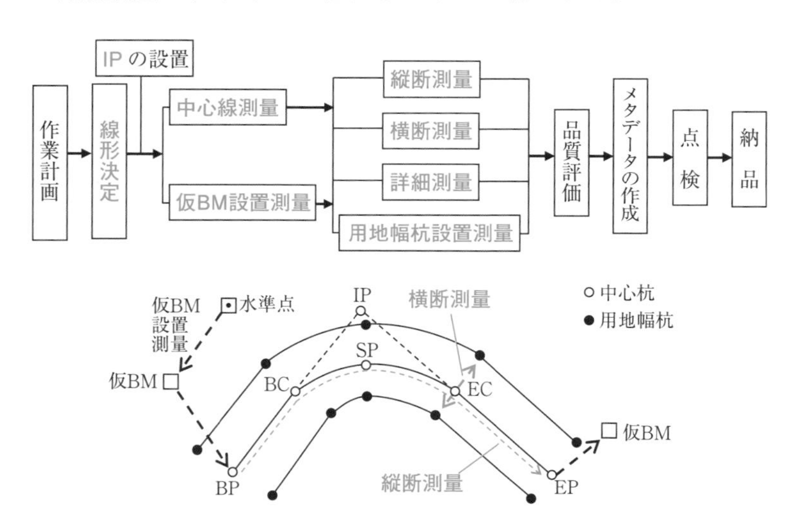

ア 線形決定

線形決定とは、作業計画による路線選定の決定に基づき、地形図上の中心点やIP（Intersection Point：交点）の位置を計算し、座標として定め、線形図データファイルを作成する作業をいう。

過去問にチャレンジ!

1回目	月　日	2回目	月　日	3回目	月　日

〔　〕に何が入るか考えてみよう!

□□□ H28-25

図は、公共測量における路線測量の標準的な作業工程を示したものである。アからオに正しい語句を入れよ。

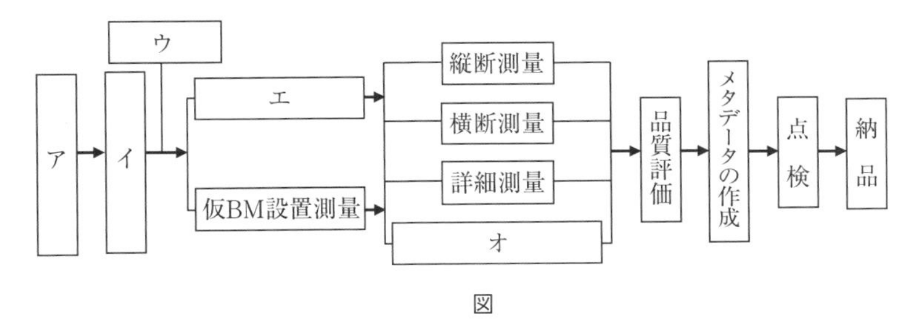

図

ア〔作業計画〕 イ〔線形決定〕
ウ〔ＩＰの設置〕 エ〔中心線測量〕
オ〔用地幅杭設置測量〕

選択肢を○×で答えてみよう!

□□□ × H26-25-1

線形決定とは、路線選定の決定に基づき、地形図上の交点の位置を座標として定め、線形地形図データファイルを作成する作業をいう。

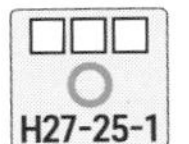
□□□ ○ H27-25-1

線形図データファイルは、計算等により求めた主要点及び中心点の座標値を用いて作成する。

9 応用測量

1 路線測量②

イ　IPの設置

IPは曲線道路を施行する際に用いられ、２本の直線道路中心線の交点に設置する。IPの設置は曲線部がある場合に限られるため、すべての路線測量で必ず設置されるものではない。

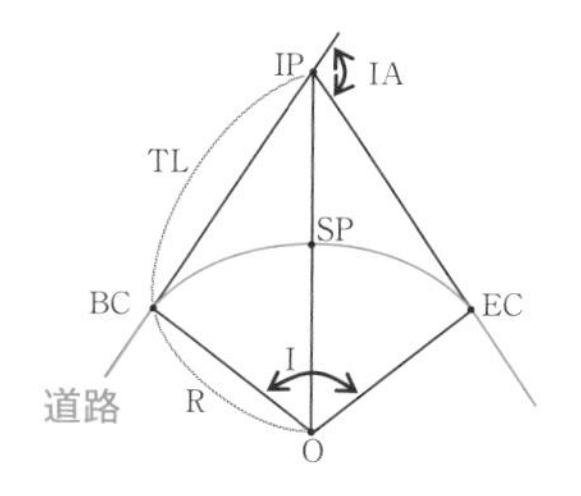

BC　円曲線始点
SP　円曲線中点
EC　円曲線終点
IP　交点
O　中心点
TL　接線長
R　曲線半径
I　中心角
IA　交角

ウ　中心線測量

中心線測量とは、線形図データファイルの座標をもとに、路線の主要点および中心点を実際に現地に設置し、地形図データに各点の座標値を入れることで線形地形図データファイルを作成する作業をいう。中心点は近傍の４級基準点以上の基準点、IPおよび主要点に基づき、放射法などにより設置する。路線の中心に一定の間隔（20m）で設置するほか、設計上必要な箇所にも設置する。

主要点には役杭（やくぐい）を、中心点には中心杭を設置し、識別のための名称（道路起点から「No.0」「No.1」…などの名称が振られる）を記入する。また、重要な杭が亡失したときに容易に復元できるよう、引照点杭（いんしょうてんぐい）を設置し、必要に応じて近傍の基準点から測定し、座標値を求める。

点検測量は、隣接する中心点などの点間距離を測定し、座標値から求めた距離との比較によりおこなう。

過去問にチャレンジ！

1回目	月　日	2回目	月　日	3回目	月　日

選択肢を○×で答えてみよう！

□□□ ○ H29-25-1	IPの設置とは、設計条件及び現地の地形・地物の状況を考慮して標杭（IP杭）を設置する作業をいう。
□□□ ○ H27-25-2	線形地形図データファイルは、地形図データに主要点及び中心点の座標値を用いて作成する。
□□□ × H26-25-2	仮BM設置測量とは、主要点及び中心点を現地に設置し、線形地形図データファイルを作成する作業をいう。
□□□ × H25-26-2	主要点の設置は、近傍の3級基準点以上の基準点、交点IP及び中心点に基づき、放射法等により行う。
□□□ ○ H25-26-3	中心点は、路線の起点から中心線上に一定の間隔で設置する。
□□□ ○ H25-26-5	主要点には役杭を、中心点には中心杭を設置し、識別のための名称等を記入する。

1 路線測量③

エ　仮 BM 設置測量

仮 BM 設置測量とは、縦断測量および横断測量に必要な仮の水準点（仮 BM：仮ベンチマーク）を設置し、標高を求める作業をいう。仮 BM は設置間隔を 0.5km とし、破損を避けるために、原則として施工区域外に設置する。

オ　縦断測量

縦断測量とは、仮 BM などに基づき水準測量をおこない、中心杭高や地盤高などを測定し、路線の縦断面図データファイルを作成する作業をいう。

縦断面図データファイルを図紙に出力する場合は、縦断面図の距離を表す横の縮尺は線形地形図の縮尺と同一のものを標準とし、高さを表す縦の縮尺は、線形地形図の 5 倍から 10 倍までを標準とする。

ここがポイント！

高さ（縦の縮尺）は地形図の縮尺と同一だと高低が表現しきれないので、5 倍から 10 倍に強調して表現します。

過去問にチャレンジ!

1回目	月　日	2回目	月　日	3回目	月　日

選択肢を○×で答えてみよう！

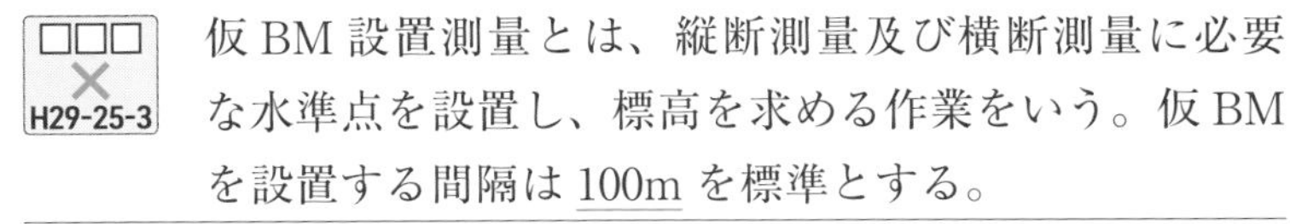

仮BM設置測量とは、縦断測量及び横断測量に必要な水準点を設置し、標高を求める作業をいう。仮BMを設置する間隔は100mを標準とする。

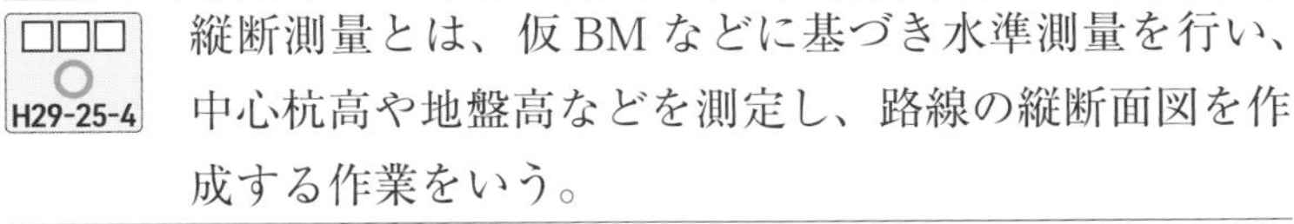

縦断測量とは、仮BMなどに基づき水準測量を行い、中心杭高や地盤高などを測定し、路線の縦断面図を作成する作業をいう。

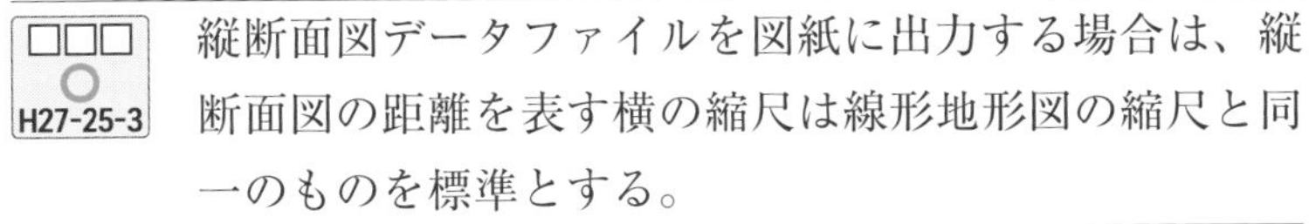

縦断面図データファイルを図紙に出力する場合は、縦断面図の距離を表す横の縮尺は線形地形図の縮尺と同一のものを標準とする。

□□□
×
H22-25-4

縦断面図データファイルは、縦断測量の結果に基づいて作成し、図紙に出力する場合は、高さを表す縦の縮尺を線形地形図の縮尺の2倍で出力することを原則とする。

9 応用測量

1 路線測量④

カ　横断測量

横断測量とは、中心杭などを基準にして、中心線と直角方向にある地形の変化点および地物について、中心杭からの距離と高さを求め、横断面図データファイルを作成する作業をいう。中心杭が設置されている場所以外でも、設計上必要な箇所があれば測量はおこなわれる。

横断面図データファイルを図紙に出力する場合は、横断面図の縮尺は縦断面図の縦の縮尺と同一のものを標準とする。

ここがポイント!

横断面図も高低を強調するため、縦断面図の高さ（縦の縮尺）と同一の縮尺を使うことになります。横断面図の縦の縮尺だけでなく、横の縮尺も強調されるので注意しましょう。

キ　詳細測量

詳細測量とは、主要な構造物の設計に必要な詳細平面図データファイルを作成する作業をいい、地図情報レベルは250を標準とする。

ク　用地幅杭設置測量

用地幅杭設置測量とは、道路取得にかかる用地の範囲を示すため、主要点および中心点から中心線の接線に対し、直角方向に用地幅杭を設置する作業をいう。

過去問にチャレンジ!

1回目	月　日	2回目	月　日	3回目	月　日

選択肢を○×で答えてみよう！

□□□ ○ H29-25-5
横断測量とは、中心杭などを基準にして、中心線と直角方向にある地形の変化点及び地物について、中心杭からの距離と高さを求め、横断面図を作成する作業をいう。

□□□ ○ H22-25-5
横断測量は、中心杭などを基準にして、中心点における中心線の接線に対して直角方向の線上に在る地形の変化点及び地物について、中心点からの距離及び地盤高を測定する。

□□□ × H27-25-4
横断面図データファイルを図紙に出力する場合は、横断面図の縮尺は縦断面図の横の縮尺と同一のものを標準とする。

□□□ × H26-25-5
詳細測量とは、主要な構造物の設計に必要な杭打図を作成する作業をいう。

□□□ ○ H27-25-5
詳細平面図データの地図情報レベルは250を標準とする。

2 河川測量①

重要部分をマスター!

河川測量とは、河川・湖沼・海岸の調査、維持管理のために用いられる測量である。

・ 作業工程

河川測量は、以下の工程にしたがって行われる。

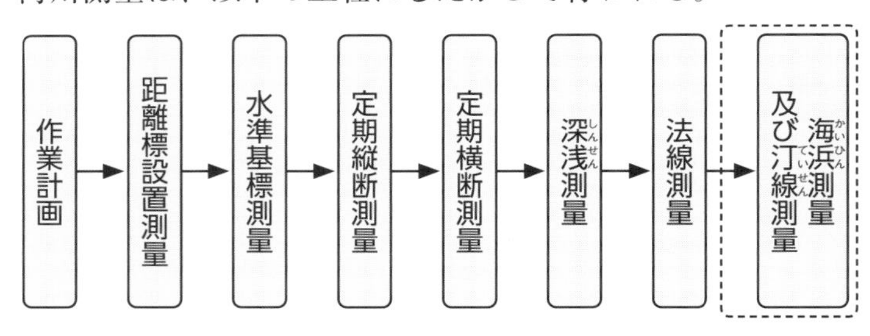

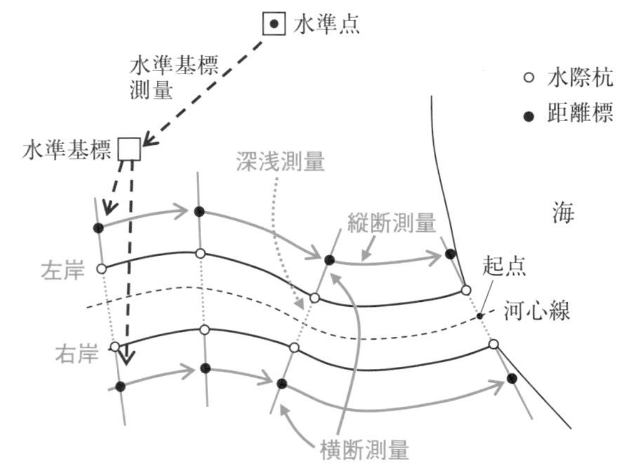

ア 距離標設置測量

距離標設置測量とは、河心線の接線に対して直角方向の左岸および右岸の堤防法肩または法面などに、河心に沿って200m間隔で距離標を設置する作業をいう。

過去問にチャレンジ!

1回目	月　日	2回目	月　日	3回目	月　日

選択肢を○×で答えてみよう！

□□□ ○ H24-28-1
河川測量は、河川のほかに湖沼や海岸等についても行う。

□□□ × H30-28-1
距離標設置測量は、定期横断測量における水平位置の基準となる距離標を設置する測量である。距離標は、左右の岸どちらかに設置する。

□□□ × H23-28-2
距離標は、努めて堤防の法面や法肩を避けて設置する。

□□□ × H23-28-1
対応する両岸の距離標を結ぶ直線は、堤防中心線の接線と直交する。

□□□ ○ H27-28-ア
距離標の設置間隔は、河川の河口又は幹川への合流点に設けた起点から、河心に沿って200mを標準とする。

□□□ × H21-28-イ
左岸とは下流から上流を見て左、右岸とは下流から上流を見て右の岸を指す。

2 河川測量②

イ　距離標の設置

距離標は、図上で設定した距離標の座標値に基づいて、近傍の3級基準点などからトータルステーションによる放射法のほか、GNSS測量機を用いたキネマティック法、RTK法またはネットワーク型RTK法により設置する。ネットワーク型RTK法による観測は、間接観測法または単点観測法を用いる。

また、距離標の埋設は、コンクリートまたはプラスチックの標杭を、測量計画機関名および距離番号が記入できる長さを残して埋め込むことによりおこなう。

ウ　水準基標測量

水準基標測量とは、定期縦断測量の基準となる水準基標の標高を定める作業をいう。水準基標は、2級水準測量によりおこない水位標の近くに設置する。

エ　定期縦断測量

定期縦断測量は、定期的に河川の縦断面の形状の変化を調査するもので、水準基標を基準にして、両岸の距離標の標高を測定しておこなう。

標高の測量手法は、平地においては3級水準測量によりおこない、山地においては4級水準測量によりおこなう。なお、地形、地物などの状況によっては4級水準測量に代えて間接水準測量によりおこなうこともできる。

過去問にチャレンジ!

1回目	月　日	2回目	月　日	3回目	月　日

選択肢を○×で答えてみよう!

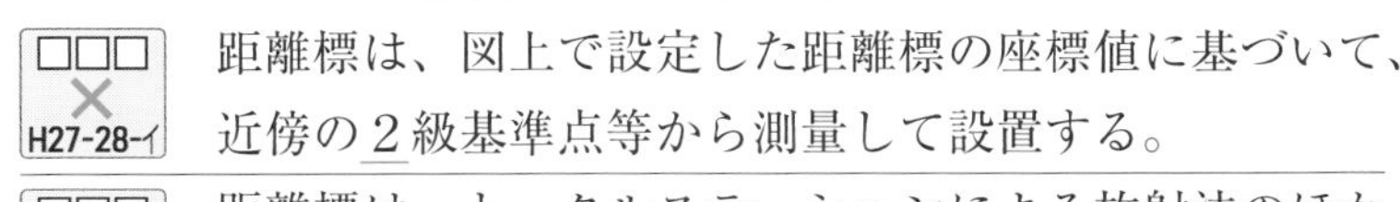

距離標は、図上で設定した距離標の座標値に基づいて、近傍の2級基準点等から測量して設置する。

距離標は、トータルステーションによる放射法のほか、キネマティック法、RTK法又はネットワーク型RTK法により設置する。

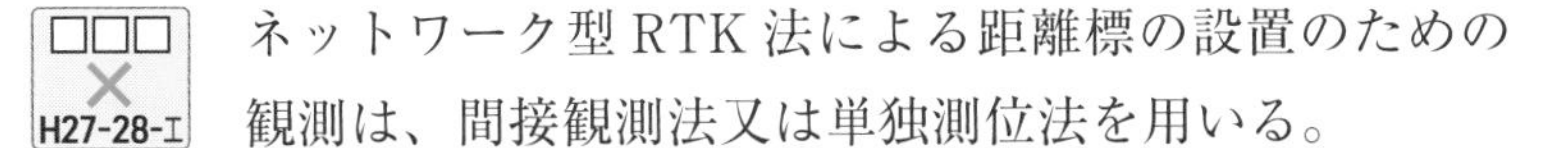

ネットワーク型RTK法による距離標の設置のための観測は、間接観測法又は単独測位法を用いる。

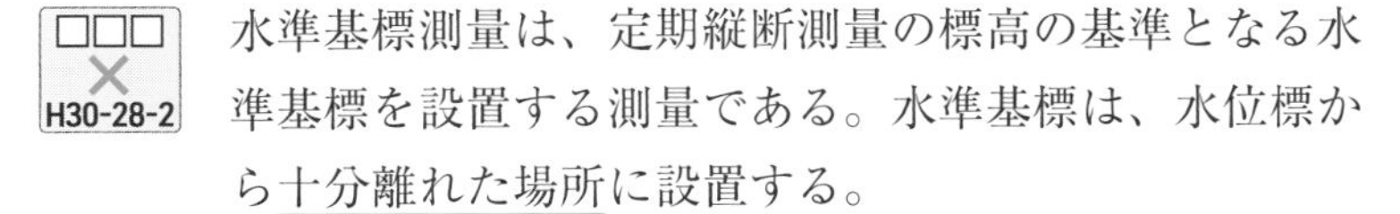

水準基標測量は、定期縦断測量の標高の基準となる水準基標を設置する測量である。水準基標は、水位標から十分離れた場所に設置する。

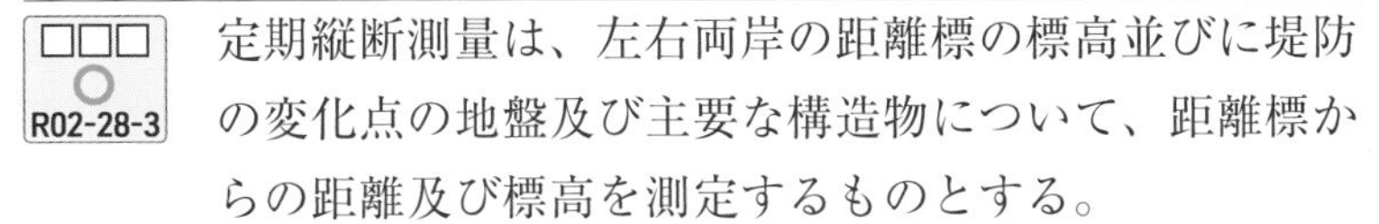

定期縦断測量は、左右両岸の距離標の標高並びに堤防の変化点の地盤及び主要な構造物について、距離標からの距離及び標高を測定するものとする。

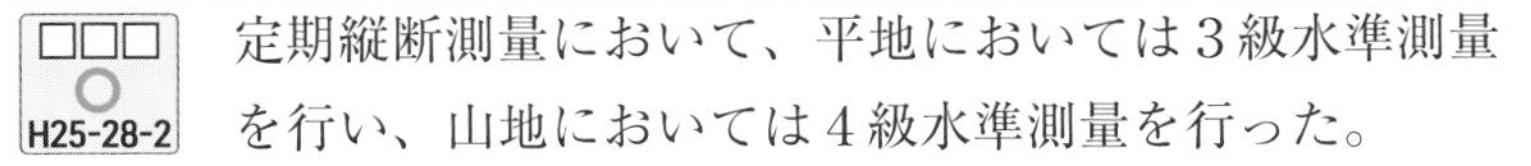

定期縦断測量において、平地においては3級水準測量を行い、山地においては4級水準測量を行った。

2 河川測量③

オ　定期横断測量

定期横断測量は、定期的に河川の横断面の形状の変化を調査するもので、距離標の視通線上の地形の変化点について、距離標からの距離および標高を測定しておこなう。

その方法は、水際杭を境にして陸部と水部に分け、陸部については横断測量、水部については深浅測量によりおこない、横断面図を作成する。陸部においては、堤防の断面も観測するため、堤内地の 20m～ 50mの範囲についてもおこなわれる。

標高の測量手法は、直接水準測量または間接水準測量によりおこなう。

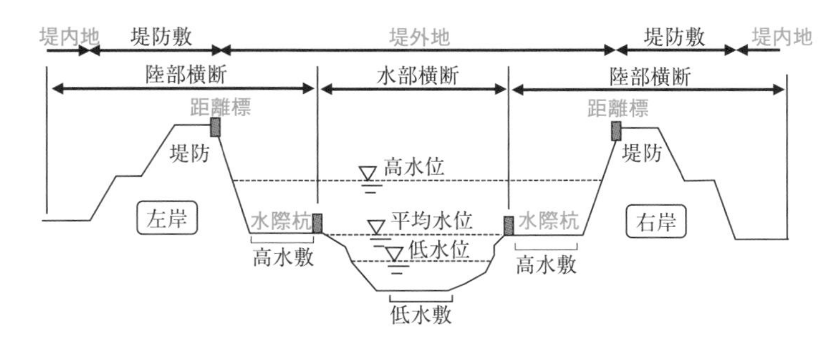

カ　深浅測量

深浅測量は流水部分の横断面図を作成するためにおこなうもので、水深と測深位置（船位）および水位を測定する。

水深の測定には音響測深機を用いるが、水深が浅い場合はロッド（測深棒）やレッド（探深鐘（たんしんしょう））を用いて直接測定によりおこなうものとする。測深位置（船位）の測定は、ワイヤーロープ、トータルステーションまたはGNSS測量機のいずれかを用いておこなうものとする。

過去問にチャレンジ!

1回目	月　日	2回目	月　日	3回目	月　日

選択肢を○×で答えてみよう!

□□□ × H28-28-5
定期横断測量では、距離標を境にして、陸部は横断測量を、水部は深浅測量を行う。

□□□ ○ R02-28-4
定期横断測量は、陸部において堤内地の20 m～50 mの範囲についても行う。

□□□ × H30-28-3
定期縦断測量及び定期横断測量は、河川の形状を断面図として作成する測量である。これらは、直接水準測量で実施しなければならない。

□□□ × H24-28-5
深浅測量は、流水部分の縦断面図を作成するために行う。

□□□ ○ H30-28-4
深浅測量は、河川、湖沼などの、水底部の地形を明らかにする測量である。水深の測定は、音響測深機やロッド、レッドなどを用いて行う。

□□□ ○ H29-28-4
深浅測量において、船位をGNSS測量機を用いて測定した。

3 用地測量

◎重要部分をマスター!

用地測量とは、土地および境界について調査し、用地取得などに必要な資料や図面を作成する作業をいう。

- **作業工程**

用地測量は、次の工程の順にしたがって行われる。

ア　資料調査

土地の取得などにかかる土地について、用地測量に必要な資料などを整理、作成する。

イ　復元測量

地積測量図などに基づいて境界杭の位置を確認し、亡失などがある場合は復元するべき位置に仮杭(かりぐい)を設置する。

ウ　境界確認

現地において、一筆ごとに土地の境界（境界点）を確認して杭を設置する。

エ　境界測量

近傍の４級基準点以上の基準点に基づき境界点を測定し、その座標値を求める。

オ　境界点間測量

現地において隣接する境界点間の距離を測定し、境界点の精度を確認する。

カ　面積計算

境界測量の成果に基づき、取得用地および残地の面積を座標法により算出し、面積計算書を作成する。

過去問にチャレンジ!

1回目	月　日	2回目	月　日	3回目	月　日

正しい順番に並べかえよう！

□□□ H24-27

次のａ～ｄは、用地取得のために行う測量の工程である。標準的な作業の順序を選べ。

ａ　資料調査　　ｂ　境界確認　　ｃ　面積計算

ｄ　境界測量

順序　〔a〕→〔b〕→〔d〕→〔c〕

選択肢を○×で答えてみよう！

□□□ × H23-27-c

復元測量は、境界確認に先立ち、地積測量図などに基づき、基準点の位置を確認し、亡失などがある場合は復元するべき位置に仮杭を設置する。

□□□ × H23-27-b

境界確認は、現地において街区ごとに土地の境界（境界点）を確認する。

□□□ ○ H23-27-a

境界測量は、現地において境界点を測定し、その座標値を求める。

□□□ × H23-27-d

境界点間測量は、現地において隣接する基準点の距離を測定し、境界点の精度を確認する。

□□□ ○ H23-27-e

面積計算は、取得用地及び残地の面積を座標法により算出する。

ここがポイント!

用地測量に関する主な出題は、作業工程と求積計算問題です。作業工程は内容と順番を合わせて押さえましょう。

4 計算問題（応用測量）

重要部分をマスター！

多角測量の分野では、路線測量から①路線の計画変更による「単曲線の設置」と②「環状交差点の最短路線長」が出題され、河川測量から③「平均河床高の計算」、用地測量から④「点高法による土量計算」と⑤「座標法による求積」がそれぞれ計算問題として出題されます。

(1) 単曲線の設置

単曲線には図形的に以下の特徴がみられるので、ここに着目する。

① 単曲線の接線（BC ～ IP）とR（単曲線の半径）は直角に交わる。

② IA（交角）とI（中心角）は等しい。

③ R（単曲線の半径）とTLはTL = $R \tan \frac{1}{2}$ の関係になる。

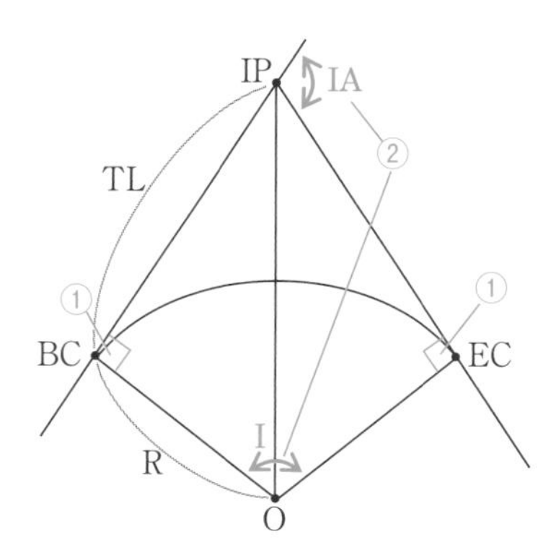

(2) 環状交差点の最短路線長

直線道路を含む環状交差点の最短路線長を求める計算問題が出題される。直線部分と円弧部分に分け、それぞれの長さを求めて合算することで、最短路線長を計算する。

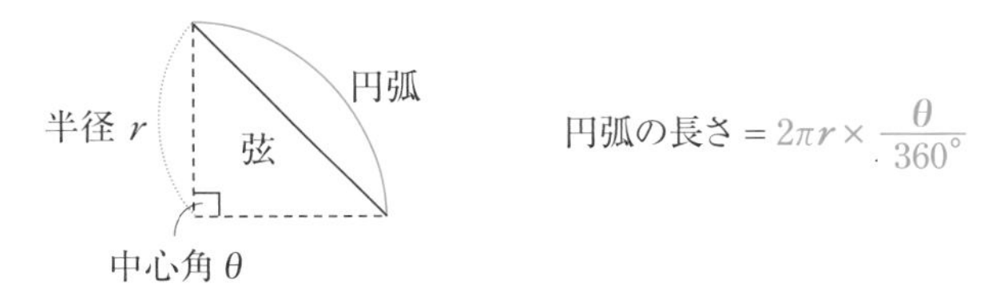

(3) 平均河床高の計算

横断測量の結果から、河床部における平均河床高の標高を計算する問題が出題される。両岸の距離標上面と河床部で囲まれた面積を、河床部の測点間距離で割ることで、両岸の距離標上面からの比高を求めることができる。

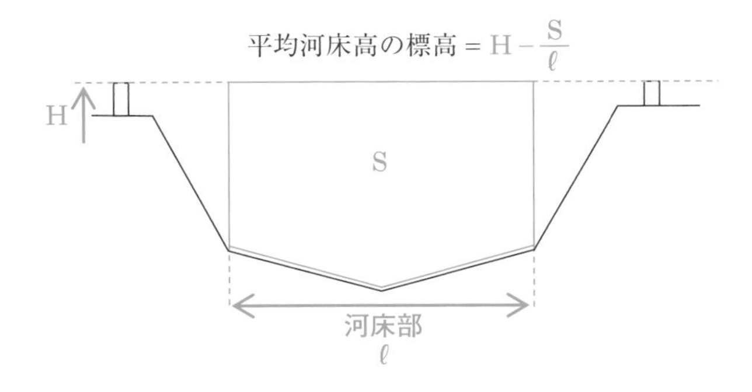

(4) 点高法による土量計算

用地測量の計算問題として、点高法による土量計算が出題される。切土量と盛土量を等しくして平坦な土地にし、地ならし後における土地の地盤高を計算する問題である。区分された面積の等しい三角形のそれぞれの平均地盤高を求め、それをさらに平均にすることで、地ならし後における土地の地盤高を求めることができる。

(5) 座標法による求積

用地測量の計算問題として、座標法による求積が出題される。図形の座標値が与えられた場合、以下の表を用いることで、面積を計算することができる。

左の値×その点のX座標値

境界点	X座標	Y座標	$Y_{n+1}-Y_{n-1}$	$X_n(Y_{n+1}-Y_{n-1})$
A	① −15	⑤ −15	⑥−⑧ −5	×① +75
B	② +35	⑥ +15	⑦−⑤ +55	×② +1,925
C	③ +52	⑦ +40	⑧−⑥ +5	×③ +260
D	④ −8	⑧ +20	⑤−⑦ −55	×④ +440
			倍面積	2,700m²
			面積	÷2 1,350m²

合計

次の点のY座標値−前の点のY座標値

$$A = \pm\frac{1}{2}\sum\{X_n(Y_{(n+1)} - Y_{(n-1)})\}$$

過去問にチャレンジ!

1回目	月 日	2回目	月 日	3回目	月 日

図に示すように、円曲線始点BC、円曲線終点ECからなる円曲線の道路の建設を計画していた。当初の計画では円曲線半径R=600m、交角α=56°であったが、EC付近で歴史的に重要な古墳が発見された。このため、円曲線始点BC及び交点IPの位置は変更せずに、円曲線終点をECからEC'に変更することになった。

変更計画道路の交角β=90°とする場合、当初計画道路の中心点OをBC方向にどれだけ移動すれば変更計画道路の中心点O′となるか。最も近いものを次の中から選べ。

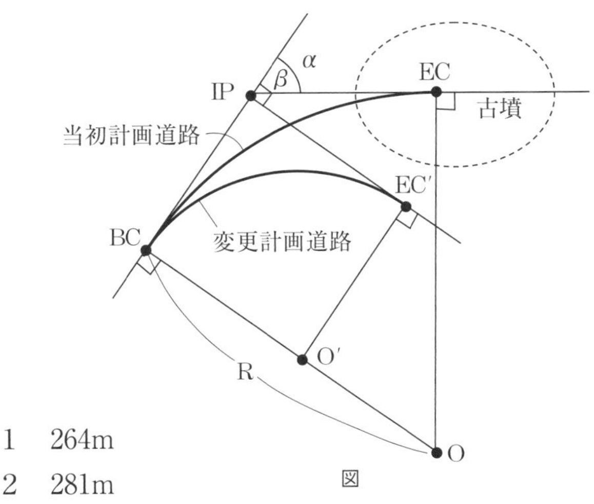

図

1　264m
2　281m
3　292m
4　318m
5　319m

9 応用測量

解答・解説をチェック!

平成 29 年第 26 問（単曲線の設置）	正解：2

計画変更による単曲線の設置を計算する問題である。

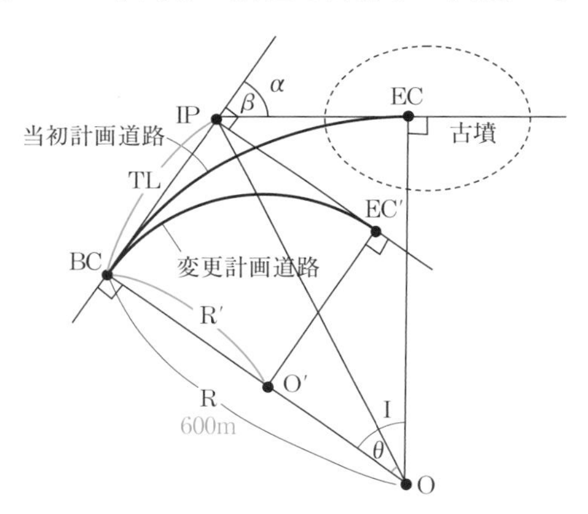

交角（α）と中心角（I）は等しくなるため、θ は 56 ÷ 2 ＝ 28° になる。

計画変更による単曲線の設置を計算する問題では、TL が現道路と新道路で共通な点に着目する。

$$\begin{aligned} TL &= R \times \tan 28^\circ \\ &= 600\text{m} \times 0.53171 \\ &= 319.026\text{m} \end{aligned}$$

新道路では交角が直角であるため、TL と曲線半径 R′ は等しくなる。

R から R′ を差し引けば、中心点の移動距離を求めることができる。

$$600 - 319.026 = 280.974\text{m}$$

よって、もっとも近いものは肢 2 である。

過去問にチャレンジ!

1回目	月 日	2回目	月 日	3回目	月 日

図1に示すように、点Oから五つの方向に直線道路が延びている。直線AOの距離は400m、点Aにおける点Oの方位角は120°であり、直線BOの距離は300m、点Bにおける点Oの方位角は190°である。点Oの交差点を図2に示すように環状交差点に変更することを計画している。環状の道路を点Oを中心とする半径R=20mの円曲線とする場合、直線AC、最短部分の円曲線CD、直線BDを合わせた路線長は幾らか。最も近いものを次の中から選べ。

ただし、円周率π=3.142とする。

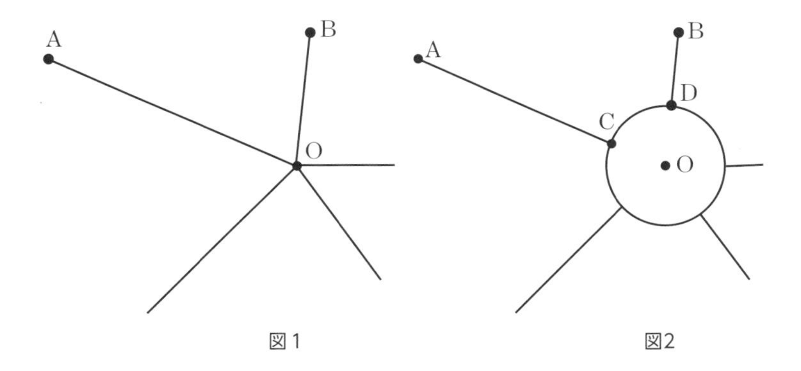

図1　図2

1　584.4m
2　677.5m
3　684.4m
4　686.2m
5　724.4m

解答・解説をチェック！

平成30年第26問（環状交差点の最短路線長）	正解：3

環状交差点の路線長を計算する問題である。

直線ACの路線長は、400 − 20 = 380m と求められる。

直線BDの路線長は、300 − 20 = 280m と求められる。

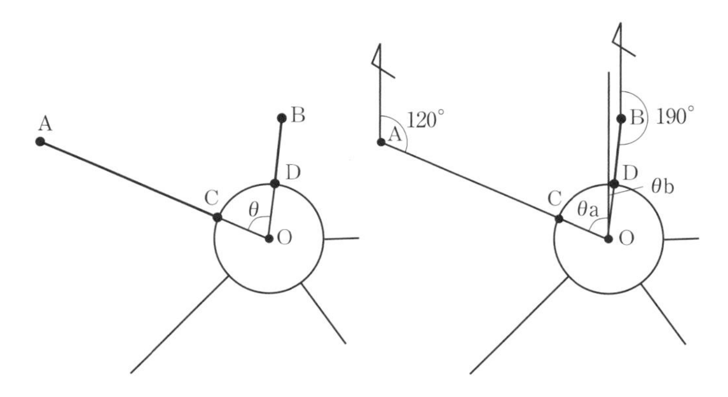

円曲線CDの路線長は、点Oを中心とする円における弧の長さとなる。

この場合の弧の中心角（θ）は、点Aおよび点Bの点Oに対する方向角から、以下の式で求めることができる。

$$\theta = \theta a + \theta b = (180 - 120) + (190 - 180) = 70^\circ$$

ここから、

円曲線CDの路線長 $= 2\pi R \times \theta \div 360^\circ$

$= 2 \times 3.142 \times 20 \times 70 \div 360$

$\fallingdotseq 24.437$m

直線AC、円曲線CD、直線BDを合わせた路線長は、380 + 280 + 24.437 = **684.437m**

よって、もっとも近いものは肢3である。

過去問にチャレンジ!

1回目	月　日	2回目	月　日	3回目	月　日

表は、ある河川の横断測量を行った結果の一部である。図は横断面図で、この横断面における左岸及び右岸の距離標の標高は20.7mである。また、各測点間の勾配は一定である。この横断面の河床部における平均河床高の標高をm単位で小数第1位まで求めたい。最も近いものを次の中から選べ。なお、河床部とは、左岸堤防表法尻から右岸堤防表法尻までの区間とする。

表

測点	距離（m）	左岸距離標からの比高（m）	測点の説明
1	0.0	0.0	左岸距離標上面の高さ
	0.0	− 0.2	左岸距離標地盤の高さ
2	1.0	− 0.2	左岸堤防表法肩
3	3.0	− 4.7	左岸堤防表法尻
4	6.0	− 6.2	水面
5	8.0	− 6.7	
6	10.0	− 6.2	水面
7	13.0	− 4.7	右岸堤防表法尻
8	15.0	− 0.2	右岸堤防表法肩
9	16.0	− 0.2	右岸距離標地盤の高さ
	16.0	0.0	右岸距離標上面の高さ

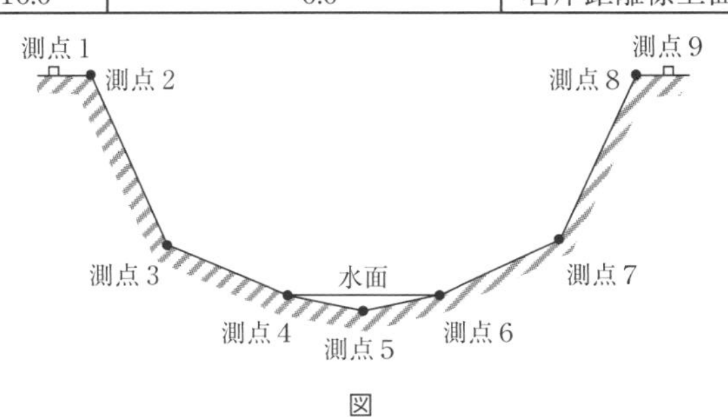

図

1　14.3m　　2　14.5m　　3　14.9m

4　15.4m　　5　15.8m

解答・解説をチェック!

平成 26 年第 28 問（平均河床高の計算）	正解：3

観測値から、河床部における平均河床高の標高を計算する問題である。

両岸の距離標上面と河床部（問題文より左岸堤防表法尻から右岸堤防表法尻までの区間）で囲まれた面積を、河床部の測点間距離で割ることで、両岸の距離標上面からの比高を求めることができる。面積を求める部分を台形４つに分割し、辺長を表から計算して入力すると、以下の図のようになる。

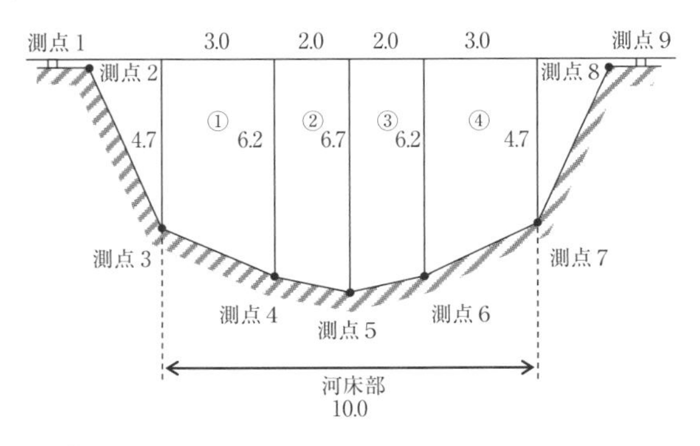

①の面積 = (4.7 + 6.2) × 3.0 ÷ 2 = 16.35

②の面積 = (6.2 + 6.7) × 2.0 ÷ 2 = 12.90

③は②と同じ面積で、④は①と同じ面積になるため、面積の合計は 16.35 × 2 + 12.90 × 2 = 58.50

河床部の測点間距離は 10.0m なので、両岸の距離標上面からの比高は 58.50 ÷ 10.0 = 5.85m となる。

両岸の距離標上面の標高は問題文より 20.7m なので、河床部における平均河床高の標高は 20.7 − 5.85 = 14.85m となる。

よって、もっとも近いものは肢３である。

過去問にチャレンジ!

1回目	月　日	2回目	月　日	3回目	月　日

図に示すような宅地造成予定地を、切土量と盛土量を等しくして平坦な土地に地ならしする場合、地ならし後における土地の地盤高は幾らか。最も近いものを次の中から選べ。

ただし、図のように宅地造成予定地を面積の等しい四つの三角形に区分して、点高法により求めるものとする。また、図に示す数値は、各点の地盤高である。

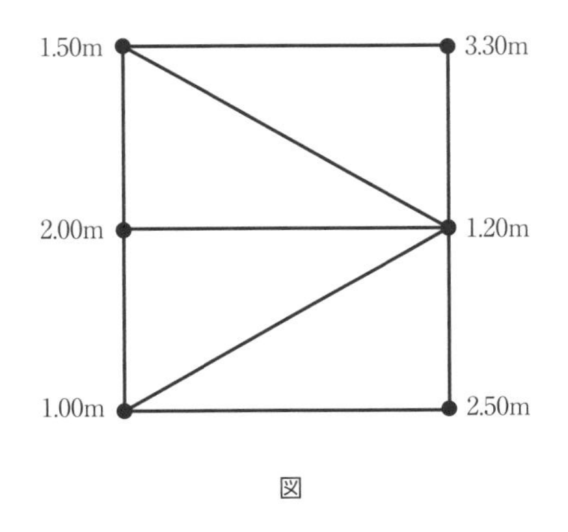

図

1　1.63m
2　1.73m
3　1.84m
4　1.92m
5　2.03m

解答・解説をチェック!

平成30年第25問（点高法による土量計算）	正解：1

各点の地盤高から、点高法により地ならし後の地盤高を計算する問題である。

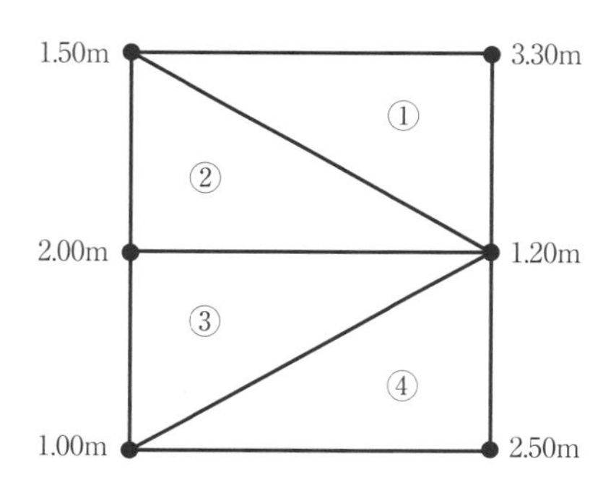

各三角形の平均地盤高を求める。平均地盤高は、三角形の3点の高さの平均となる。

① $(1.50 + 3.30 + 1.20) \div 3 = 2.00$m

② $(1.50 + 1.20 + 2.00) \div 3 \fallingdotseq 1.56$m

③ $(2.00 + 1.20 + 1.00) \div 3 = 1.40$m

④ $(1.00 + 1.20 + 2.50) \div 3 \fallingdotseq 1.56$m

各三角形の面積が等しいことから、地ならし後の地盤高は、4つの三角形の平均値となる。

$(2.00 + 1.56 + 1.40 + 1.56) \div 4 = 1.63$m

よって、もっとも近いものは肢1である。

過去問にチャレンジ!

1回目	月　日	2回目	月　日	3回目	月　日

境界点A、B、C、Dを結ぶ直線で囲まれた四角形の土地の測量を行い、表に示す平面直角座標系の座標値を得た。この土地の面積は幾らか。次の中から選べ。

表

境界点	X座標 (m)	Y座標 (m)
A	− 15.000	− 15.000
B	+ 35.000	+ 15.000
C	+ 52.000	+ 40.000
D	− 8.000	+ 20.000

1　1,250m^2

2　1,350m^2

3　2,500m^2

4　2,700m^2

5　2,750m^2

解答・解説をチェック!

平成 27 年第 27 問（座標法による求積）	正解：2

観測値から、座標法により求積する問題である。

境界点	X_n	Y_n	$Y_{n+1} - Y_{n-1}$	$X_n (Y_{n+1} - Y_{n-1})$
A	－15	－15	(＋15)-(＋20)＝-5	(-15)×(-5)＝＋75
B	＋35	＋15	(＋40)-(-15)＝+55	(＋35)×(＋55)＝+1,925
C	＋52	＋40	(＋20)-(＋15)＝+5	(＋52)×(＋5)＝+260
D	－8	＋20	(-15)-(＋40)＝-55	(-8)×(-55)＝+440
			倍面積	2,700m^2
			面積	1,350m^2

よって、もっとも近いものは肢２である。

関数表

平方根

	√		√
1	1.00000	51	7.14143
2	1.41421	52	7.21110
3	1.73205	53	7.28011
4	2.00000	54	7.34847
5	2.23607	55	7.41620
6	2.44949	56	7.48331
7	2.64575	57	7.54983
8	2.82843	58	7.61577
9	3.00000	59	7.68115
10	3.16228	60	7.74597
11	3.31662	61	7.81025
12	3.46410	62	7.87401
13	3.60555	63	7.93725
14	3.74166	64	8.00000
15	3.87298	65	8.06226
16	4.00000	66	8.12404
17	4.12311	67	8.18535
18	4.24264	68	8.24621
19	4.35890	69	8.30662
20	4.47214	70	8.36660
21	4.58258	71	8.42615
22	4.69042	72	8.48528
23	4.79583	73	8.54400
24	4.89898	74	8.60233
25	5.00000	75	8.66025
26	5.09902	76	8.71780
27	5.19615	77	8.77496
28	5.29150	78	8.83176
29	5.38516	79	8.88819
30	5.47723	80	8.94427
31	5.56776	81	9.00000
32	5.65685	82	9.05539
33	5.74456	83	9.11043
34	5.83095	84	9.16515
35	5.91608	85	9.21954
36	6.00000	86	9.27362
37	6.08276	87	9.32738
38	6.16441	88	9.38083
39	6.24500	89	9.43398
40	6.32456	90	9.48683
41	6.40312	91	9.53939
42	6.48074	92	9.59166
43	6.55744	93	9.64365
44	6.63325	94	9.69536
45	6.70820	95	9.74679
46	6.78233	96	9.79796
47	6.85565	97	9.84886
48	6.92820	98	9.89949
49	7.00000	99	9.94987
50	7.07107	100	10.00000

三角関数

度	sin	cos	tan	度	sin	cos	tan
0	0.00000	1.00000	0.00000				
1	0.01745	0.99985	0.01746	46	0.71934	0.69466	1.03553
2	0.03490	0.99939	0.03492	47	0.73135	0.68200	1.07237
3	0.05234	0.99863	0.05241	48	0.74314	0.66913	1.11061
4	0.06976	0.99756	0.06993	49	0.75471	0.65606	1.15037
5	0.08716	0.99619	0.08749	50	0.76604	0.64279	1.19175
6	0.10453	0.99452	0.10510	51	0.77715	0.62932	1.23490
7	0.12187	0.99255	0.12278	52	0.78801	0.61566	1.27994
8	0.13917	0.99027	0.14054	53	0.79864	0.60182	1.32704
9	0.15643	0.98769	0.15838	54	0.80902	0.58779	1.37638
10	0.17365	0.98481	0.17633	55	0.81915	0.57358	1.42815
11	0.19081	0.98163	0.19438	56	0.82904	0.55919	1.48256
12	0.20791	0.97815	0.21256	57	0.83867	0.54464	1.53986
13	0.22495	0.97437	0.23087	58	0.84805	0.52992	1.60033
14	0.24192	0.97030	0.24933	59	0.85717	0.51504	1.66428
15	0.25882	0.96593	0.26795	60	0.86603	0.50000	1.73205
16	0.27564	0.96126	0.28675	61	0.87462	0.48481	1.80405
17	0.29237	0.95630	0.30573	62	0.88295	0.46947	1.88073
18	0.30902	0.95106	0.32492	63	0.89101	0.45399	1.96261
19	0.32557	0.94552	0.34433	64	0.89879	0.43837	2.05030
20	0.34202	0.93969	0.36397	65	0.90631	0.42262	2.14451
21	0.35837	0.93358	0.38386	66	0.91355	0.40674	2.24604
22	0.37461	0.92718	0.40403	67	0.92050	0.39073	2.35585
23	0.39073	0.92050	0.42447	68	0.92718	0.37461	2.47509
24	0.40674	0.91355	0.44523	69	0.93358	0.35837	2.60509
25	0.42262	0.90631	0.46631	70	0.93969	0.34202	2.74748
26	0.43837	0.89879	0.48773	71	0.94552	0.32557	2.90421
27	0.45399	0.89101	0.50953	72	0.95106	0.30902	3.07768
28	0.46947	0.88295	0.53171	73	0.95630	0.29237	3.27085
29	0.48481	0.87462	0.55431	74	0.96126	0.27564	3.48741
30	0.50000	0.86603	0.57735	75	0.96593	0.25882	3.73205
31	0.51504	0.85717	0.60086	76	0.97030	0.24192	4.01078
32	0.52992	0.84805	0.62487	77	0.97437	0.22495	4.33148
33	0.54464	0.83867	0.64941	78	0.97815	0.20791	4.70463
34	0.55919	0.82904	0.67451	79	0.98163	0.19081	5.14455
35	0.57358	0.81915	0.70021	80	0.98481	0.17365	5.67128
36	0.58779	0.80902	0.72654	81	0.98769	0.15643	6.31375
37	0.60182	0.79864	0.75355	82	0.99027	0.13917	7.11537
38	0.61566	0.78801	0.78129	83	0.99255	0.12187	8.14435
39	0.62932	0.77715	0.80978	84	0.99452	0.10453	9.51436
40	0.64279	0.76604	0.83910	85	0.99619	0.08716	11.43005
41	0.65606	0.75471	0.86929	86	0.99756	0.06976	14.30067
42	0.66913	0.74314	0.90040	87	0.99863	0.05234	19.08114
43	0.68200	0.73135	0.93252	88	0.99939	0.03490	28.63625
44	0.69466	0.71934	0.96569	89	0.99985	0.01745	57.28996
45	0.70711	0.70711	1.00000	90	1.00000	0.00000	*****

問題文中に数値が明記されている場合は、その値を使用すること

参考文献

・『測量関係法令集』　公益社団法人日本測量協会
・『測量士・測量士補国家試験　受験テキスト』　公益社団法人日本測量協会
・電子地形図 25000（p.193、p.194）※縮尺を変更、一部改変　国土地理院
・国土地理院ホームページ（http://www.gsi.go.jp/）

■著者

中山　祐介（なかやま　ゆうすけ）

アガルートアカデミー測量士・測量士補・土地家屋調査士試験講師。
法政大学文学部地理学科を経て、東京都立大学大学院を修了（理学修士）。
独学ながら、土地家屋調査士試験に総合１位で合格。土地家屋調査士・測量士事務所を開業し、実務を執る。2018年よりアガルートアカデミー専任講師。
「すべての受験生は独学である」の考えのもと、講義外での学習の効率を上げ、サポートするための指導をモットーに、高度な知識だけではなく、自身の代名詞でもある複素数による測量計算（[中山式］複素数計算）など、最新テクニックもカバーする講義が特徴。土地家屋調査士試験では、全国１位合格者を連続して輩出。日々、学問と指導の研鑽を積む。

中山祐介の土地家屋調査士・測量士補・測量士「合格」ブログ
https://nakayama-yusuke.com/

改訂２版 １冊合格！ 測量士補試験

2023年12月30日　初版第1刷発行

著　者――中山 祐介

発行者――張 士洛
発行所――日本能率協会マネジメントセンター
〒103-6009 東京都中央区日本橋2-7-1　東京日本橋タワー
TEL 03(6362)4339(編集)／03(6362)4558(販売)
FAX 03(3272)8127(編集・販売)
https://www.jmam.co.jp/

装　丁――――――――冨澤 崇（EBranch）
本文DTP――――――株式会社森の印刷屋
印刷所――――――――シナノ書籍印刷株式会社
製本所――――――――株式会社新寿堂

本書の内容に関するお問い合わせは、２ページにてご案内しております。

ISBN 978-4-8005-9155-5 C3051
落丁・乱丁はおとりかえします。
PRINTED IN JAPAN